AF355785

AVIS DE L'ÉDITEUR

Cette troisième Livraison contient le complément du Manuel de Conchyliologie, moins ~~trois~~ planches.

La série porte du n° 1 à 87, à l'exception du n° 9, auquel le texte ne renvoie point.

ci	86 pl.
Il y a, de plus, planches de principes	4
Et planches *bis* et *ter*	18
Total	108

La première Livraison en contient	30	
La deuxième	35	104
La troisième	39	
Il en manque		4

Elles formeront une Livraison complémentaire, qui sera livrée *gratuitement*, à la fin d'avril prochain, à MM. les Souscripteurs.

Il y sera joint une note de quelques rectifications

Paris, 25 février 1827

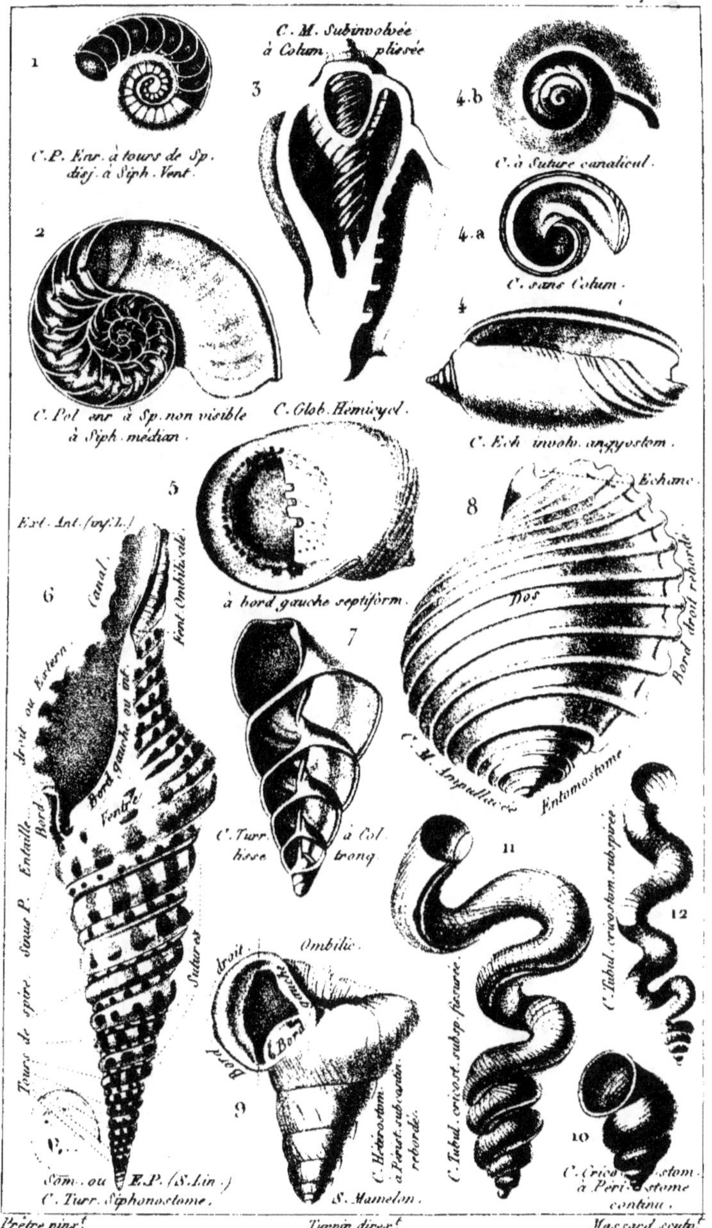

Prêtre pinx!   Turpin direx!   Massard sculp!
C. = Coquille. M. = Monothalame. P. = Polythalame. Sp. = Spire. Som. = Sommet. Col. = Colu
melle. Siph. = Siphon. Enr. = Enroulée. Disj. = Disjoint. Turr = Turriculée. Ech. = Echancrée.

1. SPIRULE australe. (Coupe)	7. AGATHINE zèbre. (Coupe)
2. ARGONAUTE flambé. (Coupe)	8. TONNE cannelée. (en dessus)
3. VOLUTE musique. (Coupe)	9. MAILLOT de Lyonnet.
4. OLIVE littérée. 4a. 4b. Id.	10. CYCLOSTOME élégant.
5. NERITE saignante.	11. SILIQUAIRE anguine.
6. PLEUROTOME tour de Babel.	12. VERMET d'Adanson.

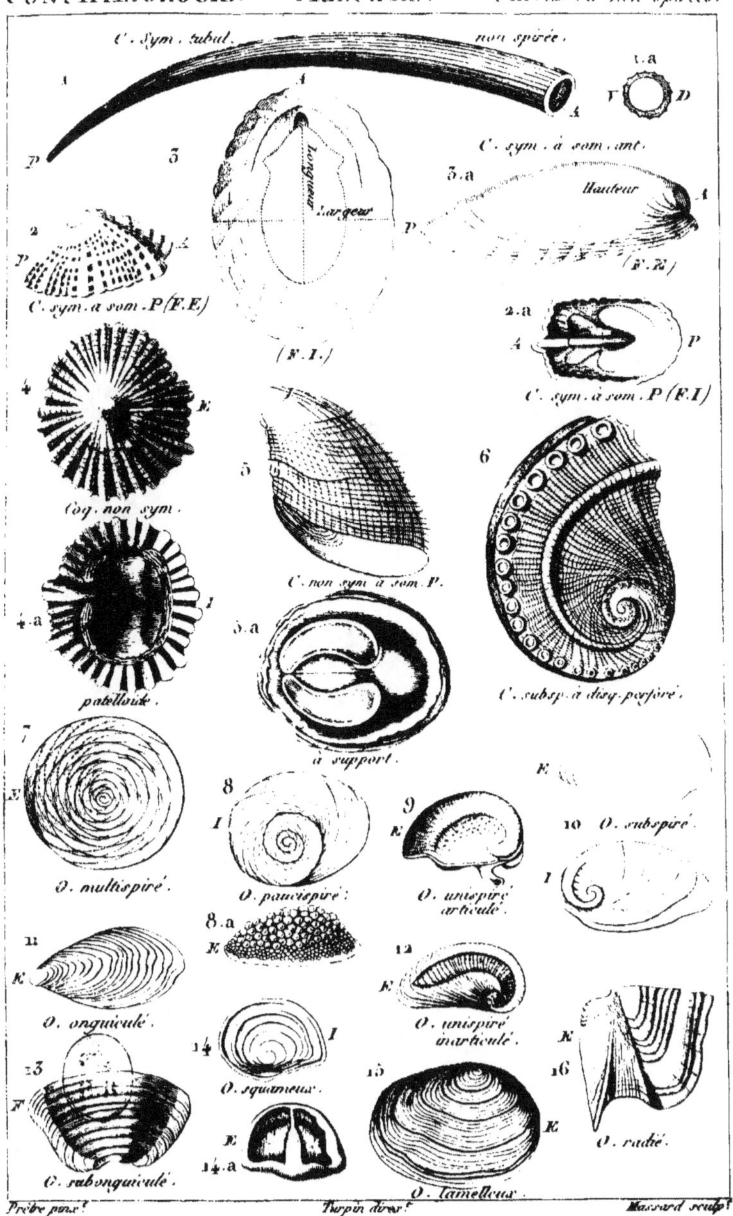

C. = Coquille. Sym. = Symétrique. Som. = Sommet. E. = Face externe. I. = Face interne.
Sp. = Spire ou spirée. A. = Antérieur. P. = Postérieur. O. = Opercule. D. = Dos. V. = Ventre.

1. DENTALE cannelée.	6. HALIOTIDE vulgaire.	12. Op. de NATICE.
2. SUBFISURELLE.	7. Op. de TOUPIE.	13. O. de POURPRE
3. PATELLE cymbulaire.	8. O. de TURBO.	14. O. d'HÉLICINE.
4. SIPHONAIRE radiée.	9. O. de NÉRITE.	15. O. de BUCCIN.
5. HIPPONICE et son support.	10. O. de PHASIANELLE.	16. O. de NAVICELLE.
	11. O. de ROCHER.	

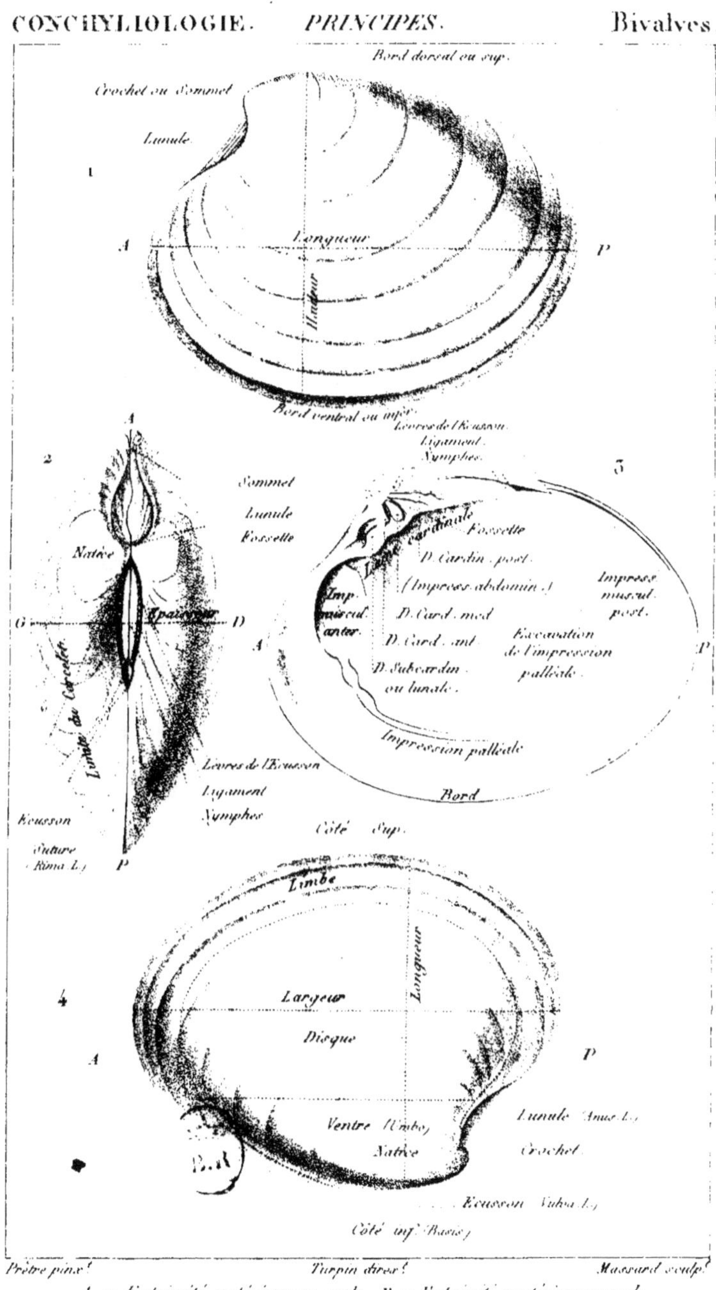

Prêtre pinx.ᵗ   Turpin direx.ᵗ   Massard sculp.ᵗ

A. = Extrémité antérieure ou orale . P. = Extrémité postérieure ou anale .
D. = Valve droite .   G. = Valve gauche .

1. CYTHERÉE fauve (Vénus chione Lin.) Vue à gauche et dans la position normale.
2. La même vue par le dos dans la position normale .
3. La même vue en dedans de la V. D. (position normale.)
4. La même (V. G.) Vue extérieurement (position artificielle de Linné et de M. de Lamarck)

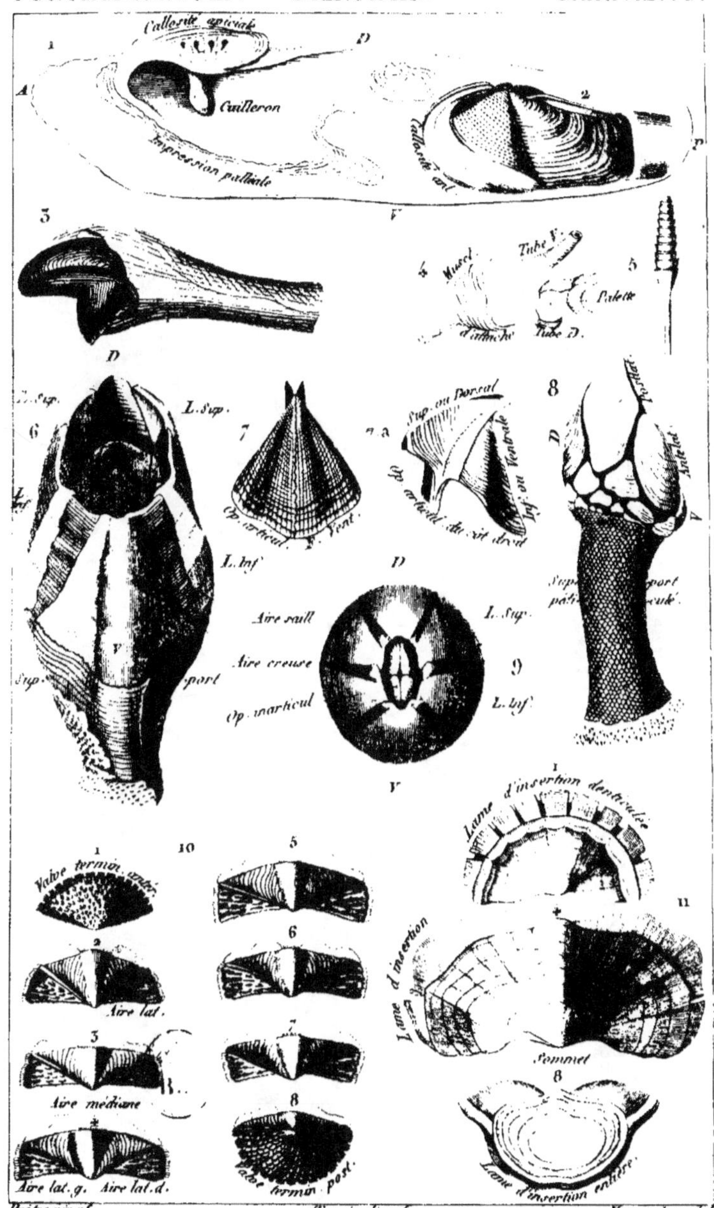

Prêtre pinx.   Turpin direx.   Massard sculp.

A. = Extrémité antérieure ou orale. P. = Extrémité postérieure ou anale. D. = Dos ou valv. dorsale.
V. = Ventre ou valve ventrale. L. Sup. = Valve latérosupère. L. Inf. = Valve latéralinjère.
Antélat. = Valve antélatérale ou latérinjère. Postlat = Valve postlatérale ou latérosupère.

1. Valve dr. de la **PHOLADE** dactyle vue à la face int. 6. **BALANE** tulipe
2. **PHOLADIDOIDE** des Anglais. à gauche   7. Opercule du **BALANE** squameux.
3. **TARET** noir. avec une partie de l'anim.   8. **POLYLEPE** vulgaire. (à gauche)
4. Extrém. post. du **TARET** naval.   9. **CORONULE** diadème. (en dessus)
5. Palette articulée d'un Taret (en sup.)   10. Valves de **L'OSCABRION** squameux.
11. 5 Valves de **L'OSCABRION** raripileux.

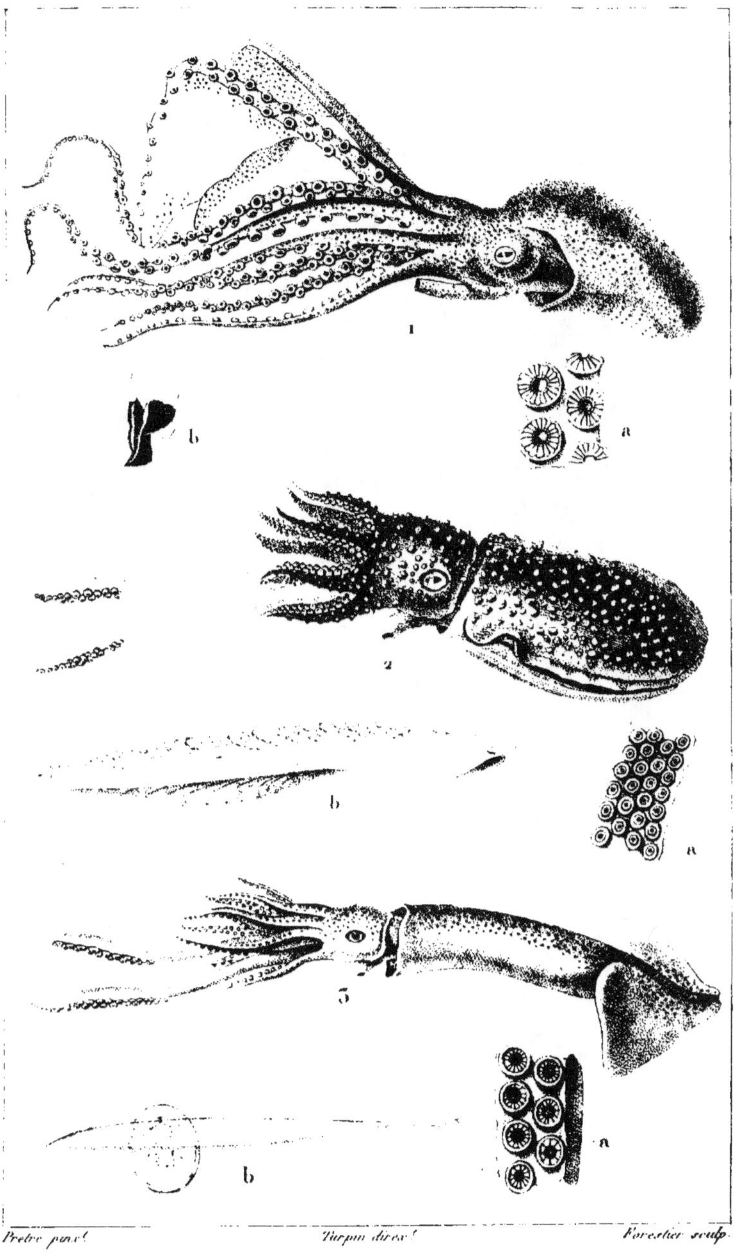

Pretre pinx. Turpin direx. Forestier sculp.

1. **POULPE** habitant de la coquille de *l'ARGONAUTE*. a *Ventouses* b *Bec*.

2. **SÈCHE** tuberculeuse. a *Ventouses de l'extrémité*
des longs tentacules. b *Os dorsal*.

3. **CALMAR** flèche. a *Ventouses*. b *Os dorsal*.

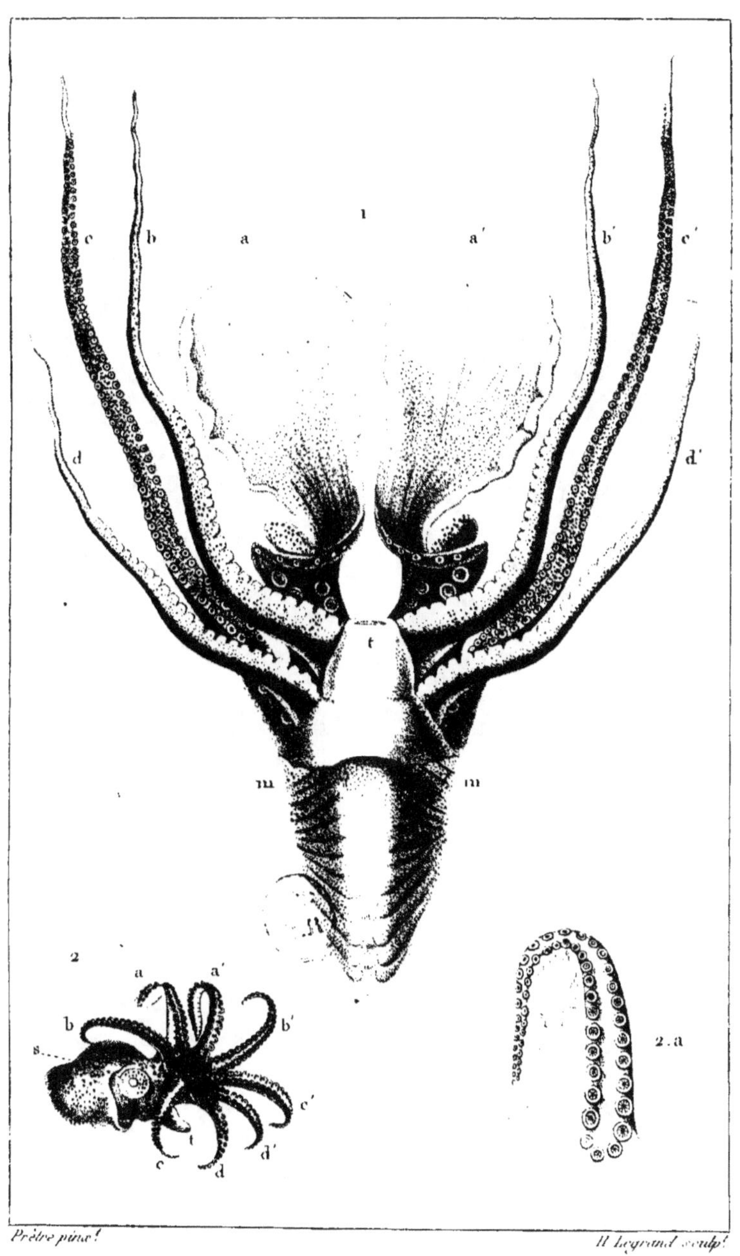

1. POULPE nav. des Anciens. *Vu en dessous. (grand. nat.)*

2. ————— de Cranch. *du côté droit. (grand. nat.)*

2.a. *Un des tentacules super. grossi.*

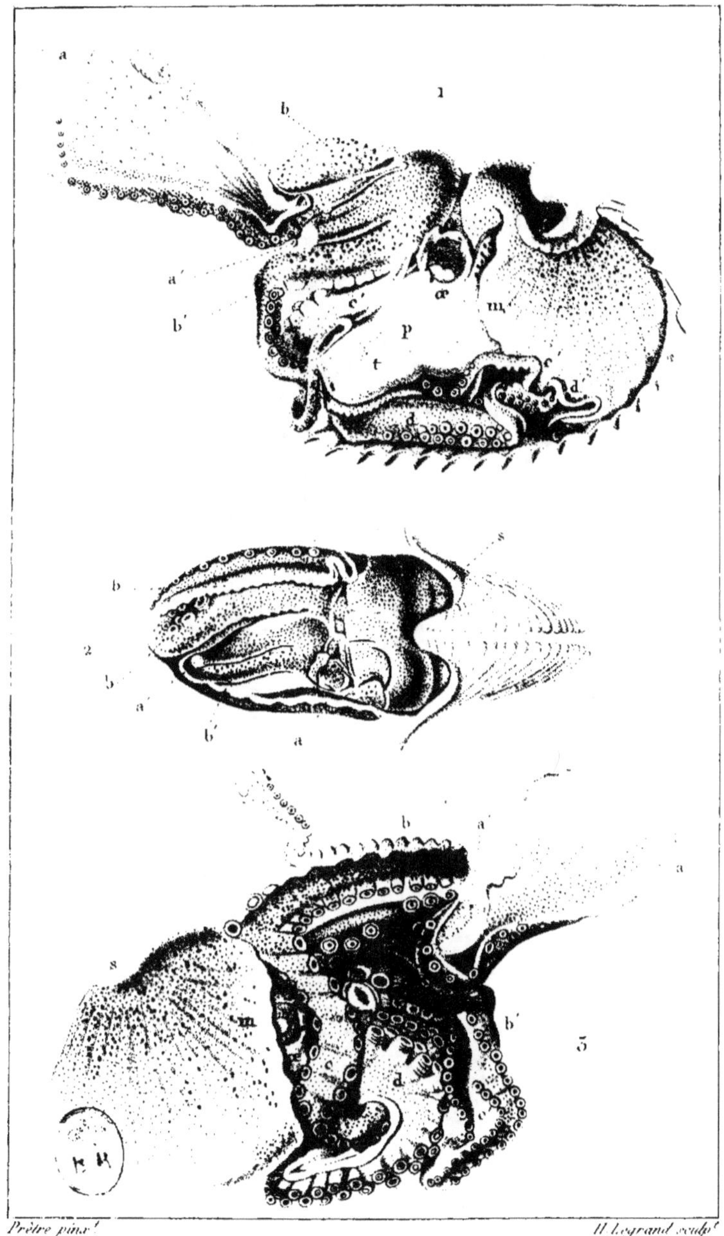

Prêtre pinx.   H. Legrand sculp.

POULPE navigateur des Anciens. *(grand. nat.)*

1.º Dans la coquille dont on a brisé le côté gauche pour montrer la position irrégulière de l'Animal. 2.º Dans la coquille entière vue en dessus pour montrer que le corps de l'Animal n'est pas dans l'axe de la coquille, la position du tentacule palmé droit à gauche. 3.º Hors de la coquille et à droite pour faire voir que les sillons de celle-ci sont aussi bien marqués sur les tentacules que sur le manteau et ne sont que des impressions.

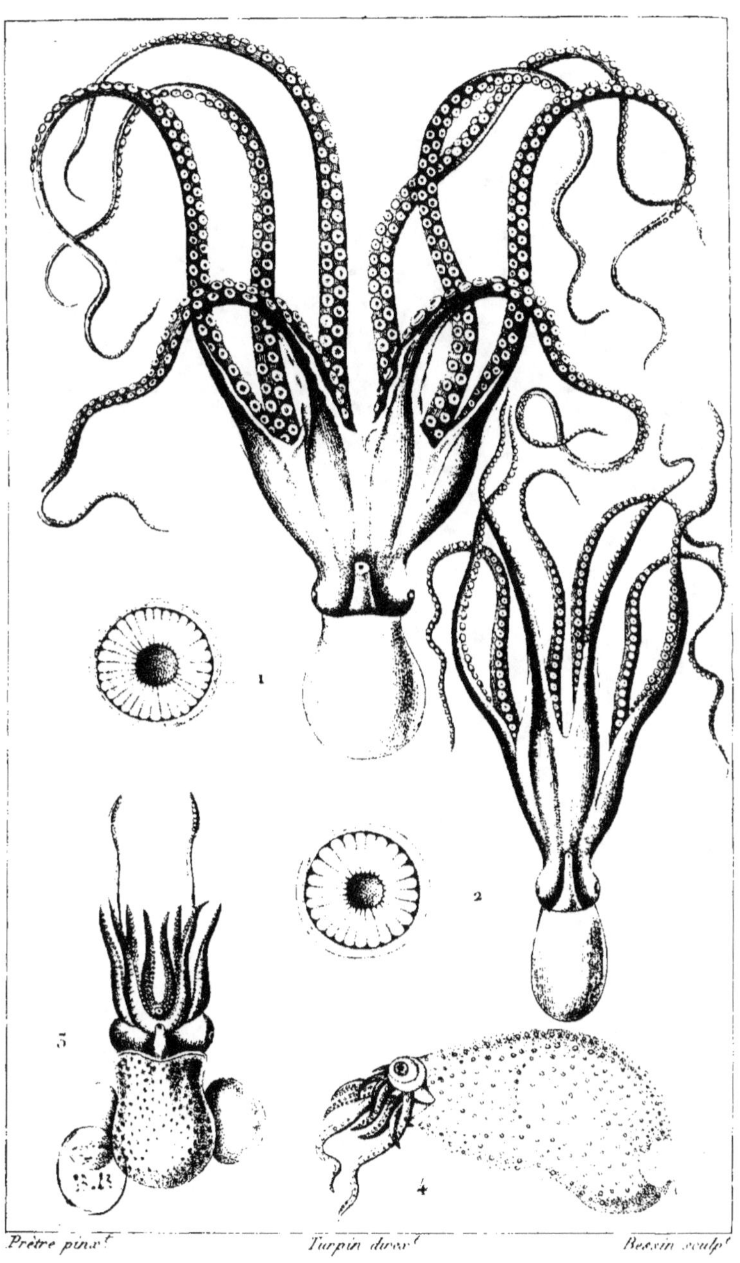

1. **POULPE** commun.   3. **CALMAR** sépiole.

2. ————— musqué.   4. ————— de Cranch.

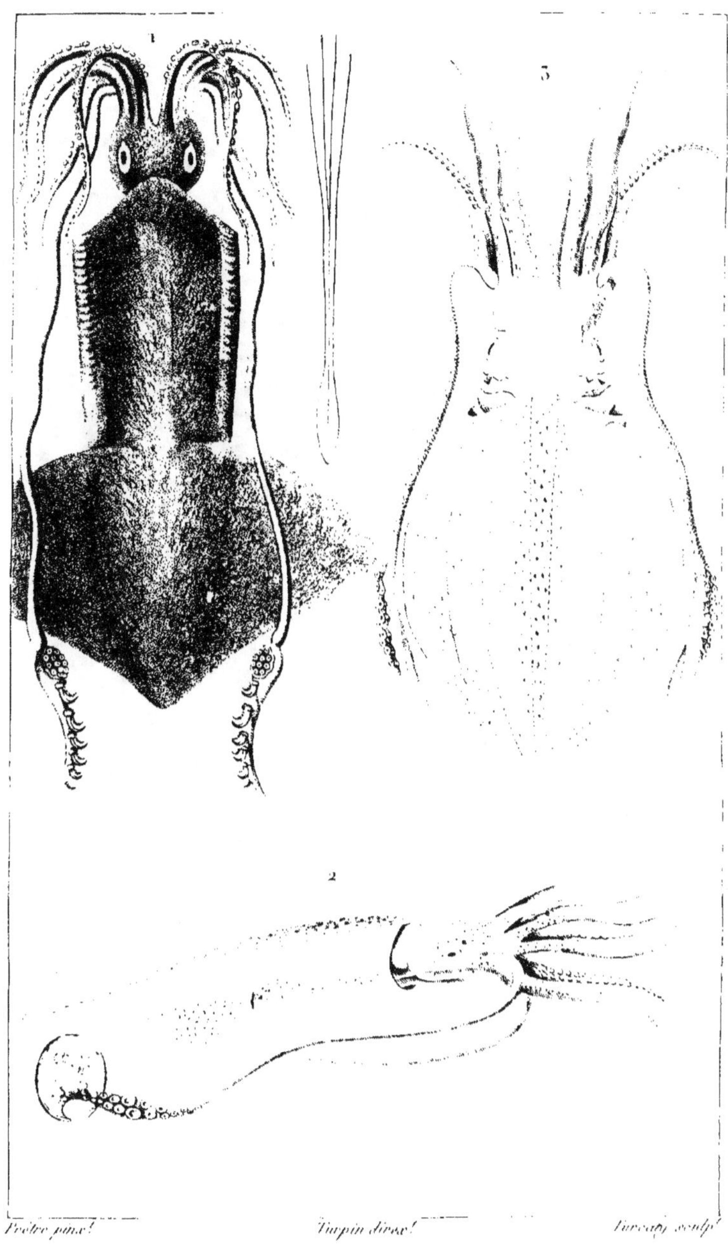

1. CALMAR de Banks. 1. a. *Sa pièce dorsale.*
2. ———— commun.
3. ———— Sèche *avec sa pièce dorsale pointillée.*

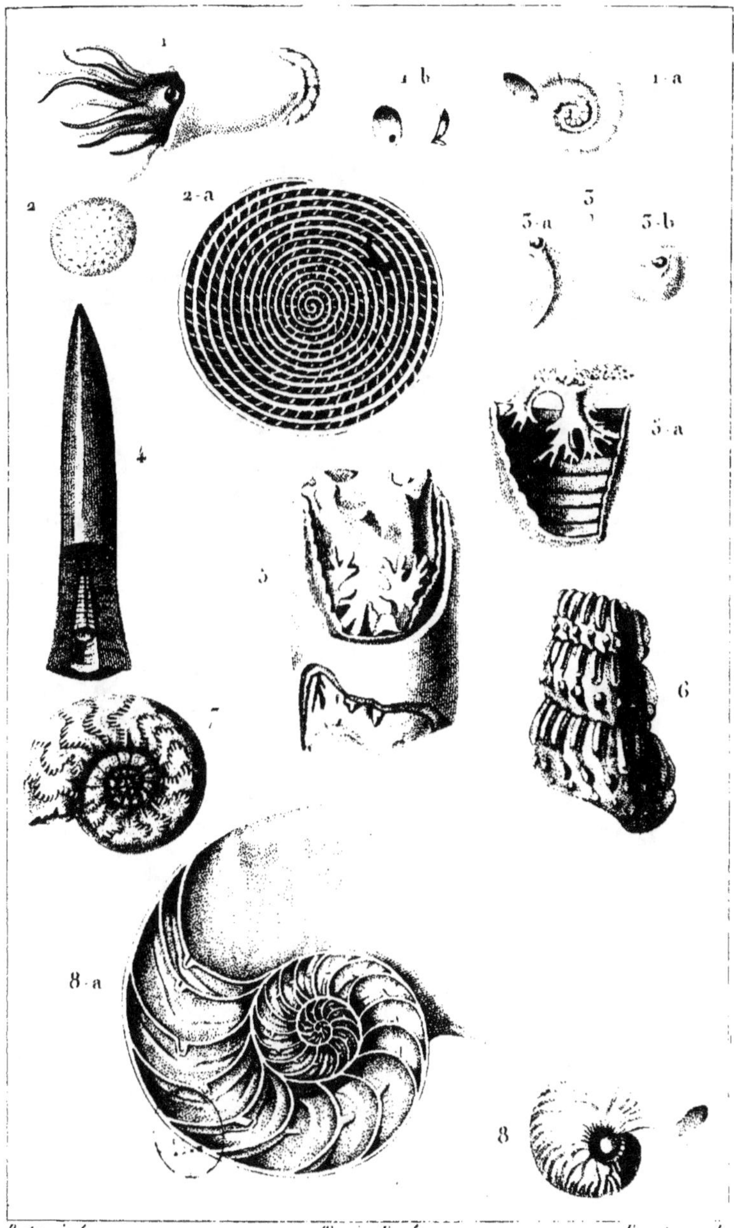

Pretre pinx.   Turpin direx.   Forester sculp.

1. SPIRULE australe . 1 a . Coquille vue à part . 1 b . Partie de la
coquille pour montrer les cloisons et le syphon .
2. NUMMULITE lenticulaire . 2 a . la même fendue pour montrer sa structure .
3. MILIOLITE cœur de serpent (Grand. nat.) a et b . la même grossie .
4. BELEMNITE bicanaliculé . 5. BACCULITE gigantesque .
5 a . Partie de la bacculite . 6. TURRILITE comprimée .
7. SIMPLEGADE colubrie . 8. NAUTILE flambé, réduite . 8 a . Coupe de la même .

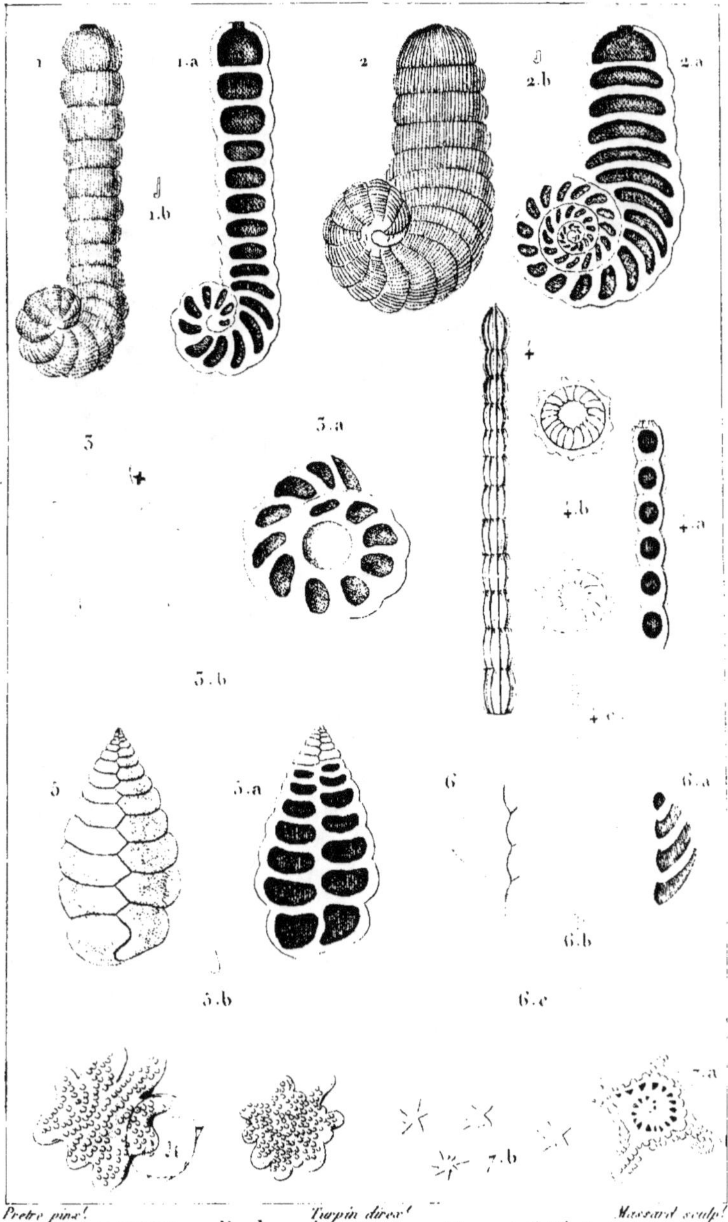

Pretre pinx.t   Turpin direx.t   Massard sculp.t

1.SPIROLINITE cylindracée. (Lam.) 1.a. Id. vue intér.ent 1.b. Id. grand. nat.
2.SPIROLINITE aplatie. (Lam.) 2.a. Id. vue intérieurem.t 2.b. Id. grand. nat.
3.DISCORBITE vésiculaire. (Lam.) 3.a. Id. vue intér.ent 3.b. Id. grand. nat.
4.NODOSAIRE baguette. (Def.) 4.a. Id. vue int.t 4.b. Id. vue par les bouts. 4.c. Id. gr. nat.
5.TEXTULAIRE sagittule (Def.) 5.a. Id. vue intér.ent 5.b. Id. grand. nat.
6.SARACÉNAIRE d'Italie. (Def.) 6.a. Id. vue int.t 6.b. Id. grand. nat. 6.c. Id. vue transv.t
7.SIDÉROLITE calcitrapoïde. (Lam.) 7.a. Id. vue int.t 7.b. Id. gr.nk et forme de div. individus.

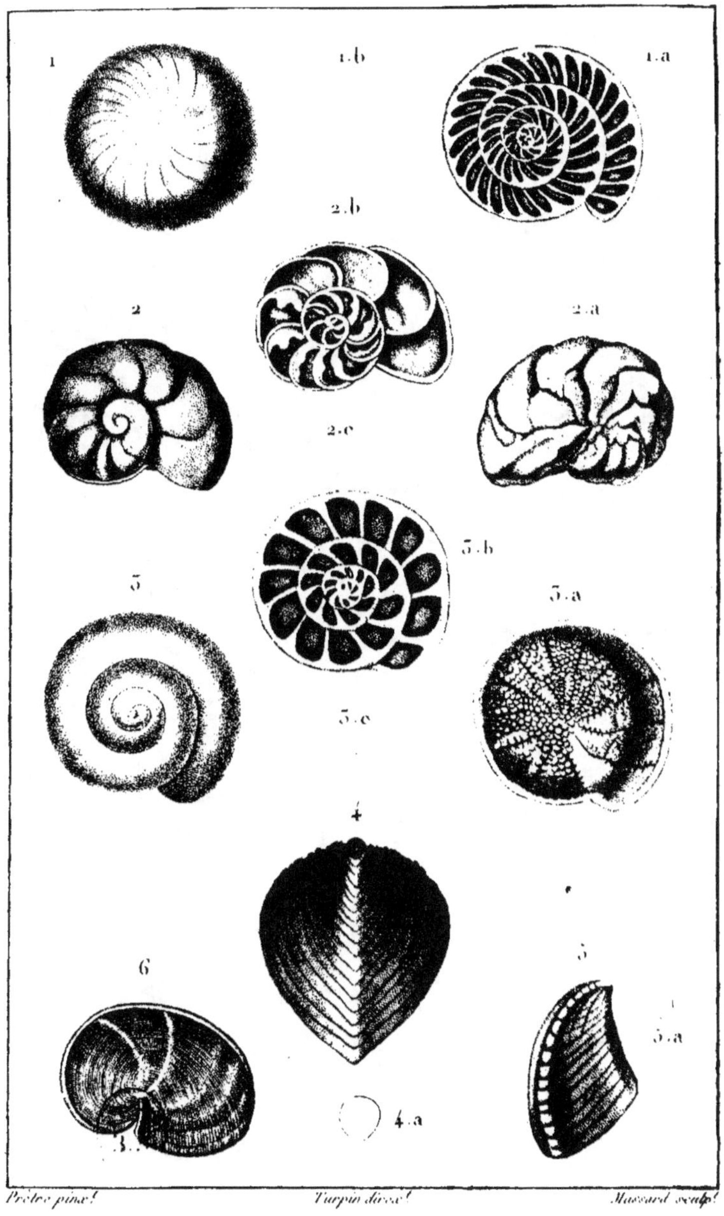

1. LENTICULITE planulée. (Lam.) 1.a. Id. vue intérieurem.t 1.b. Grand. nat.
2. DISCORBITE vésiculaire. (Lam.) 2.a. Id. vu de l'autre face. 2.b. Id. vu int.t 2.c. Gr. nat.
3. ROTALITE trochidiforme. (Lam.) 3.a. Id. vue de l'autre face. 3.b. Id. vue int.t 3.c. Gr. nat.
4. FRONDICULAIRE aplatie. (Def.) 4.a. Id. Grand. nat.
5. PLANULAIRE oreille. (Def.) 5.a. Id. Grand. nat.
6. PLANOSPIRITE solitaire. (Def.)

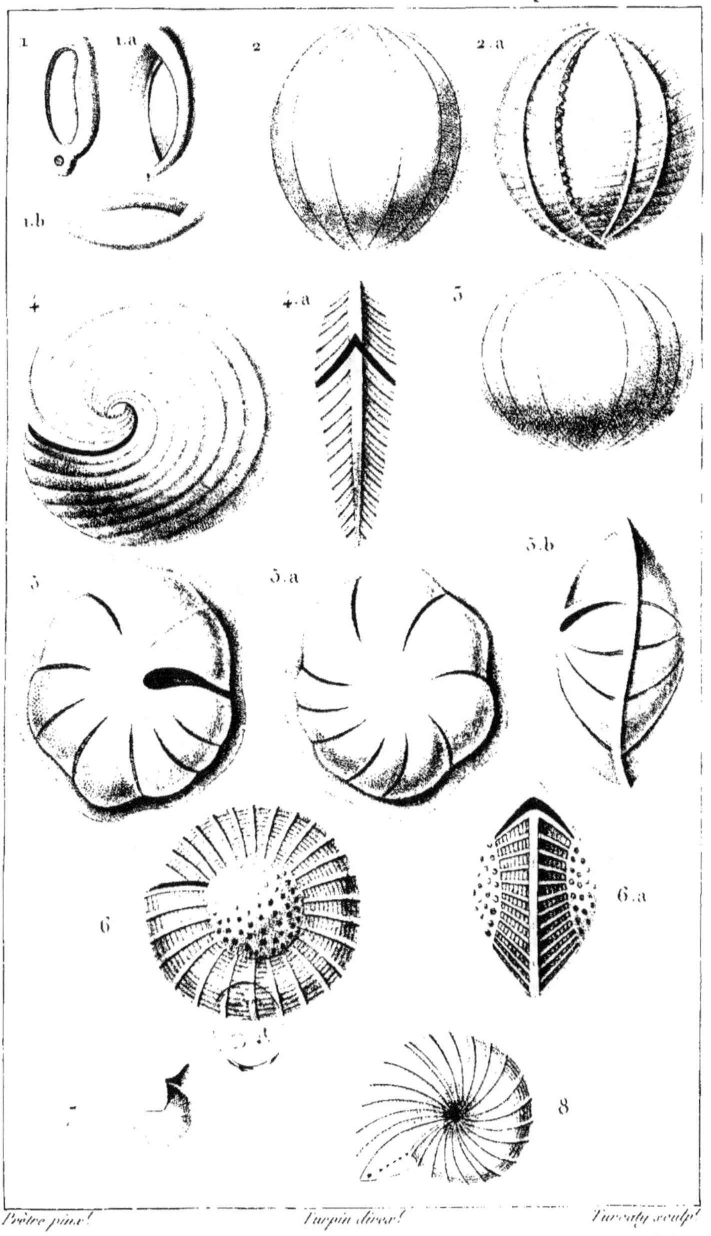

1.1.a.1.b **MILIOLE** des pierres.   5.5.a.5.b.**PLACENTULE** pulvinée.

2.2.a. **MELONIE** sphérique.   6.6.a.**VORTICIALE** craticulée.

3. ———— sphéroïde.   7.**LENTICULINE** rotulée.

4.4.a.**ORBICULINE** Numismale.   8.**POLYSTOMELLE** planulée.

VIII.

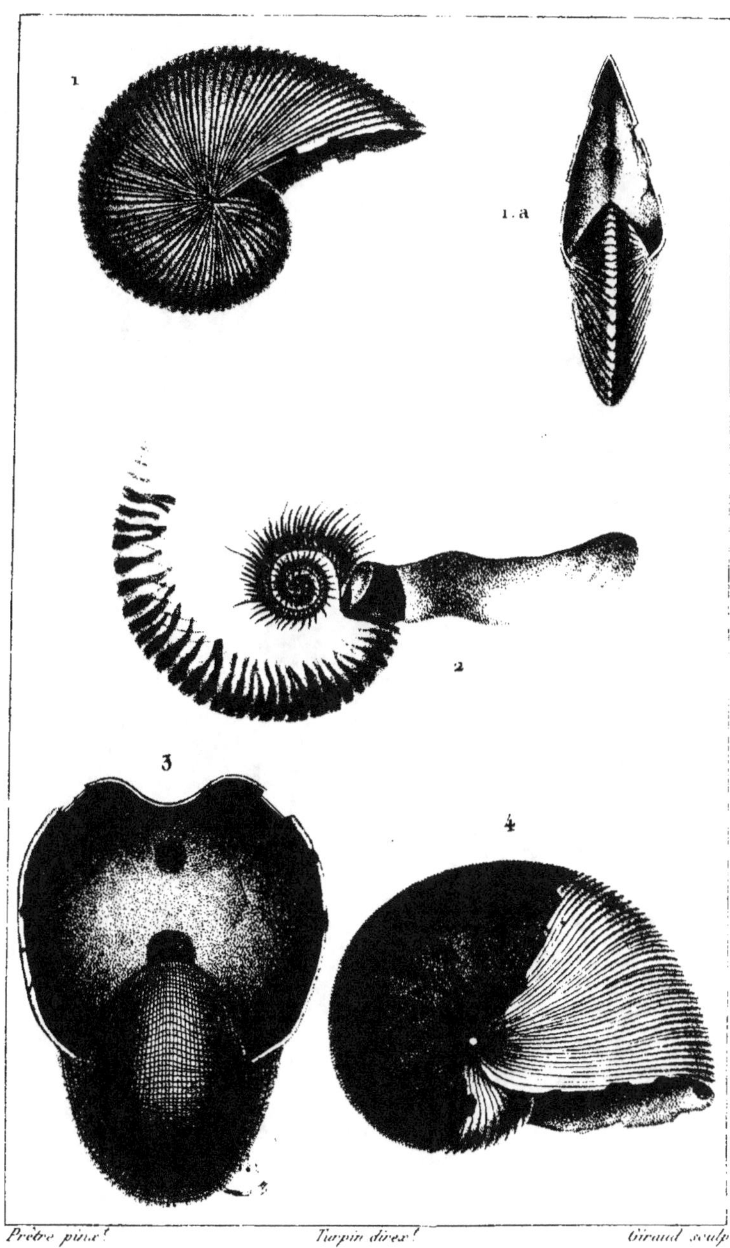

1. NAUTILE triangulaire.   3. NAUTILE à 2 siphons.
2. ___________ ombiliqué.   4. ORBULITE épaisse.

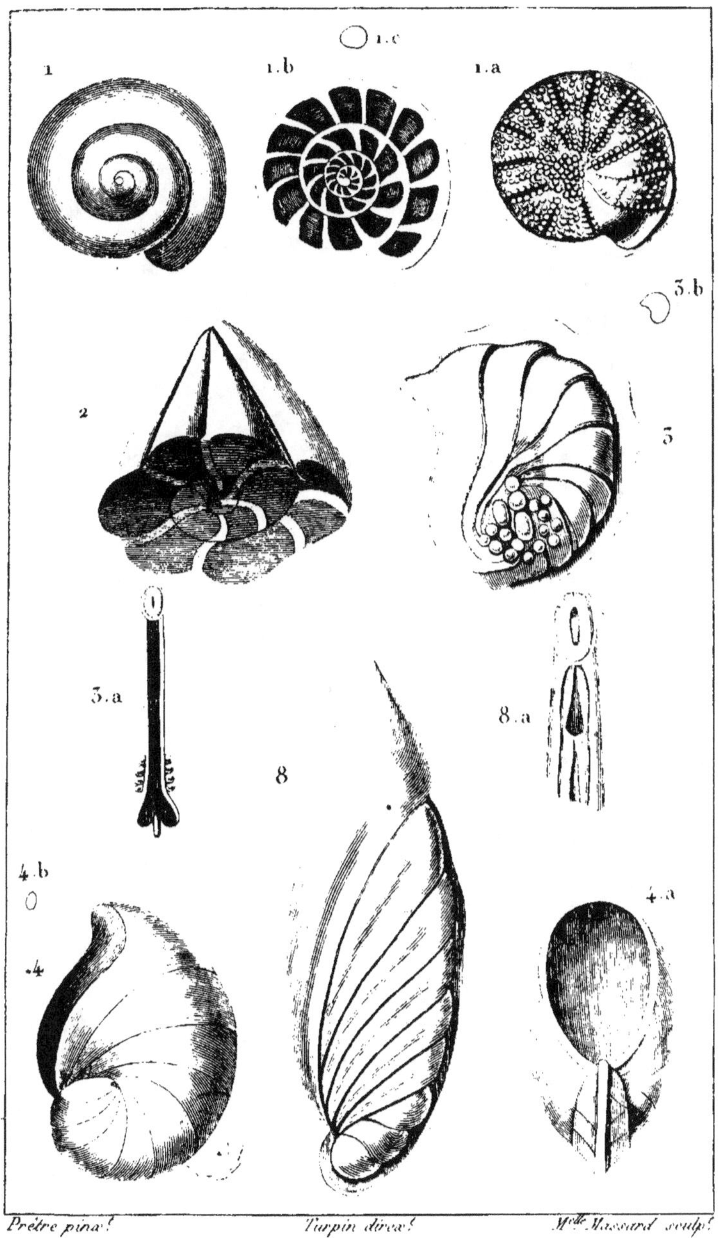

1. **ROTALITE** trochidiforme *en dessus*. 1.a. *Id. en dessous*. 1.b. *Idem fendue*. 1.c. *Id. grand. nat*. 2. **CIBICIDE** glacé. 3. **LINTHURIE** casque *grossi*. 3.a. *Id. montrant l'ouverture*. 3.b. *Id. grand. nat*. 4. **ORÉADE** auriculaire *grossi*. 4.a. *Id. vu de face*. 4.b. *Id. de grand. nat*. 8. **CREPIDULINE** Astacole *grossie*. 8.a. *Partie de son ouverture*.

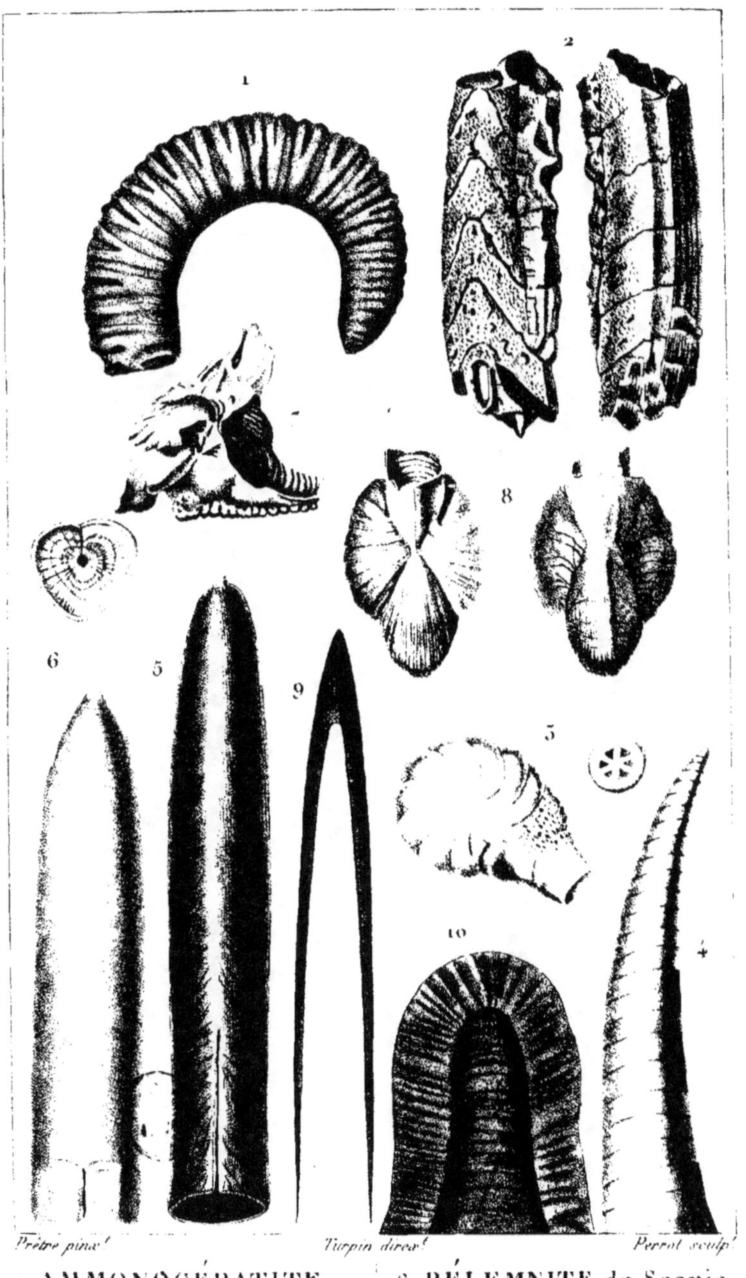

XI

1. AMMONOCÉRATITE.
2. ICHTHYOSARCOLITE.
3. LITUOLE nautiloïde.
4. CONILITE onguliforme.
5. BÉLEMNITE mucronée.
6. BÉLEMNITE de Scanie.
7. BÉLOPTÈRE sépioïde.
8. __________ bélemnoïde.
9. BÉLEMNITE fistuleuse.
10. __________ obtuse.

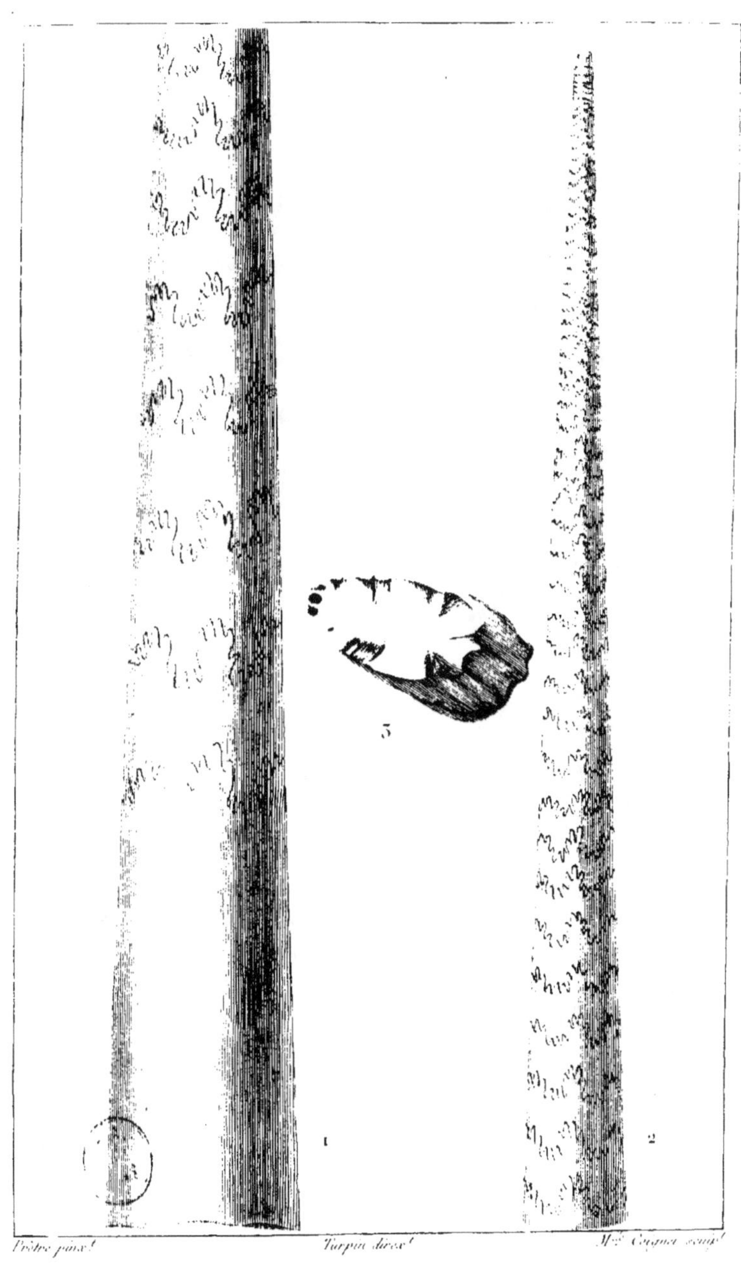

1 et 2. *BACULITE* vertébrale *fossile*.

3. Portion détachée vue en dessus.

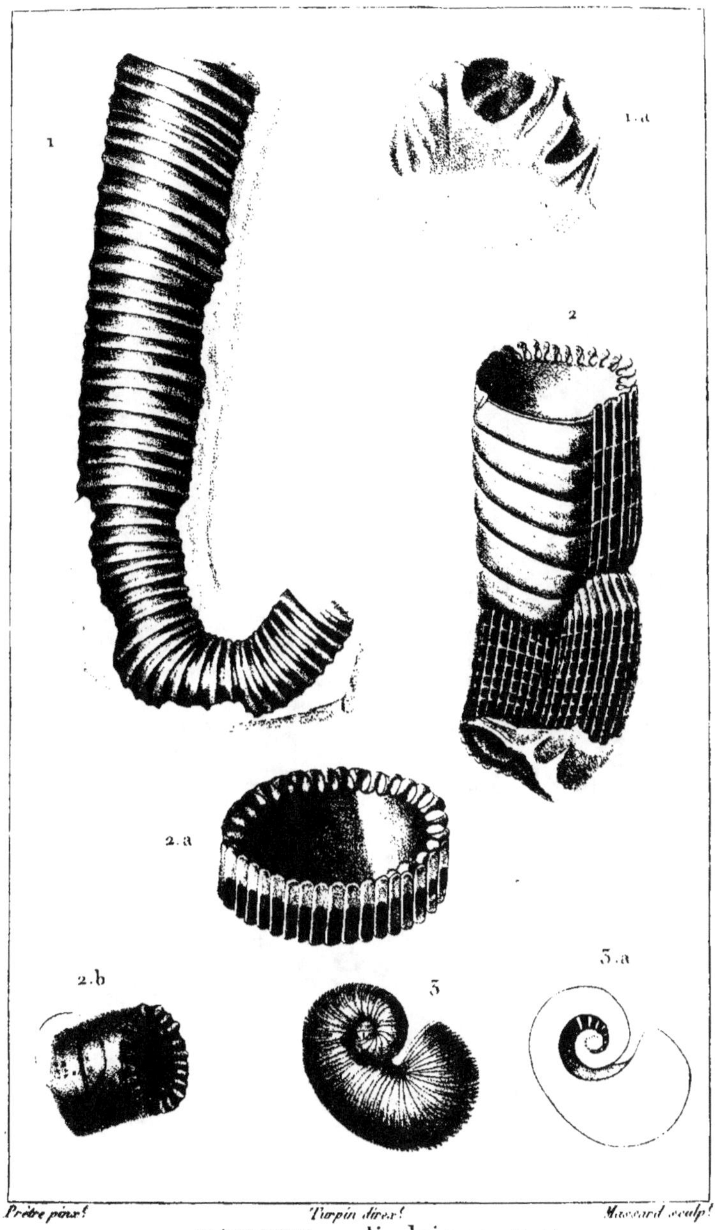

1. **HAMITE** cylindrique. *(Def.)*
1.a. *La même vue par un bout.*
2. **AMPLEXUS** coralloïdes. *(Sow.)*
2.a et 2.b. *Portions détachées de la même coquille.*
3. **SCAPHITES** æqualis. *(Sow.)*
3.a. *La même fendue pour montrer sa structure.*

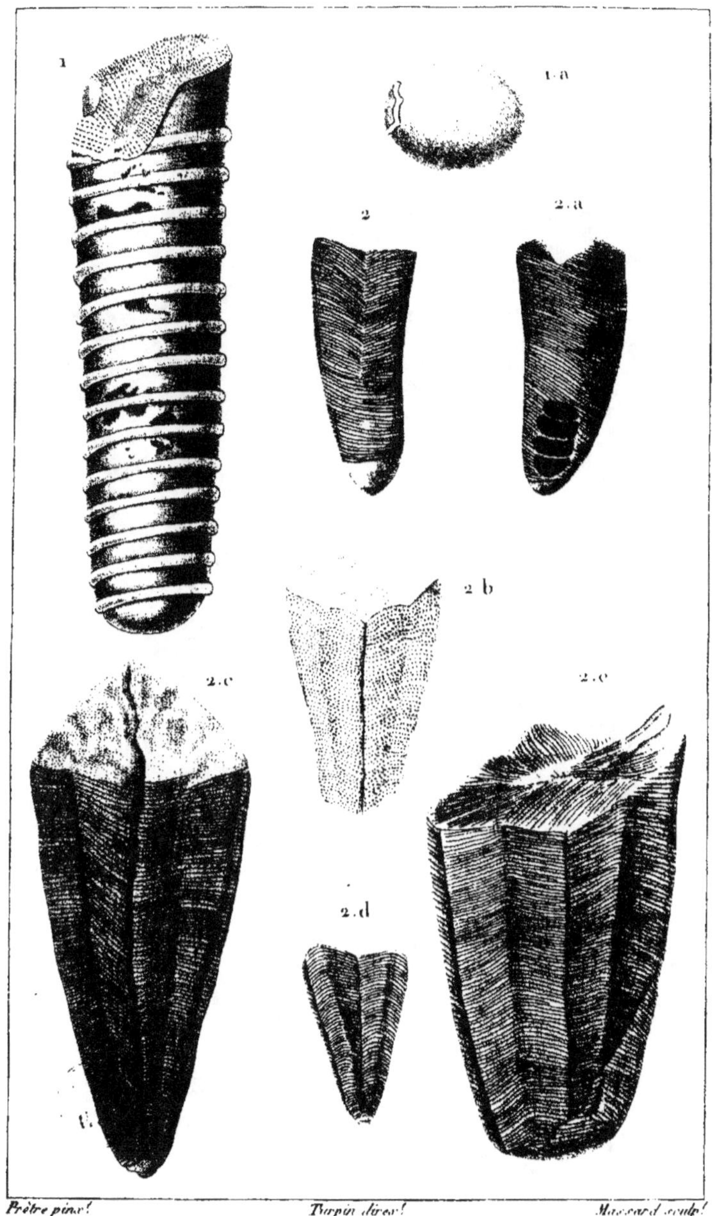

1. **ORTHOCÈRE annelée**.
1.a *La même vue par le bout*.
2. **CONULAIRE de Sowerby**.
Fig. 2a, 2b, 2c, 2d et 2e. Différentes portions de la même espèce.

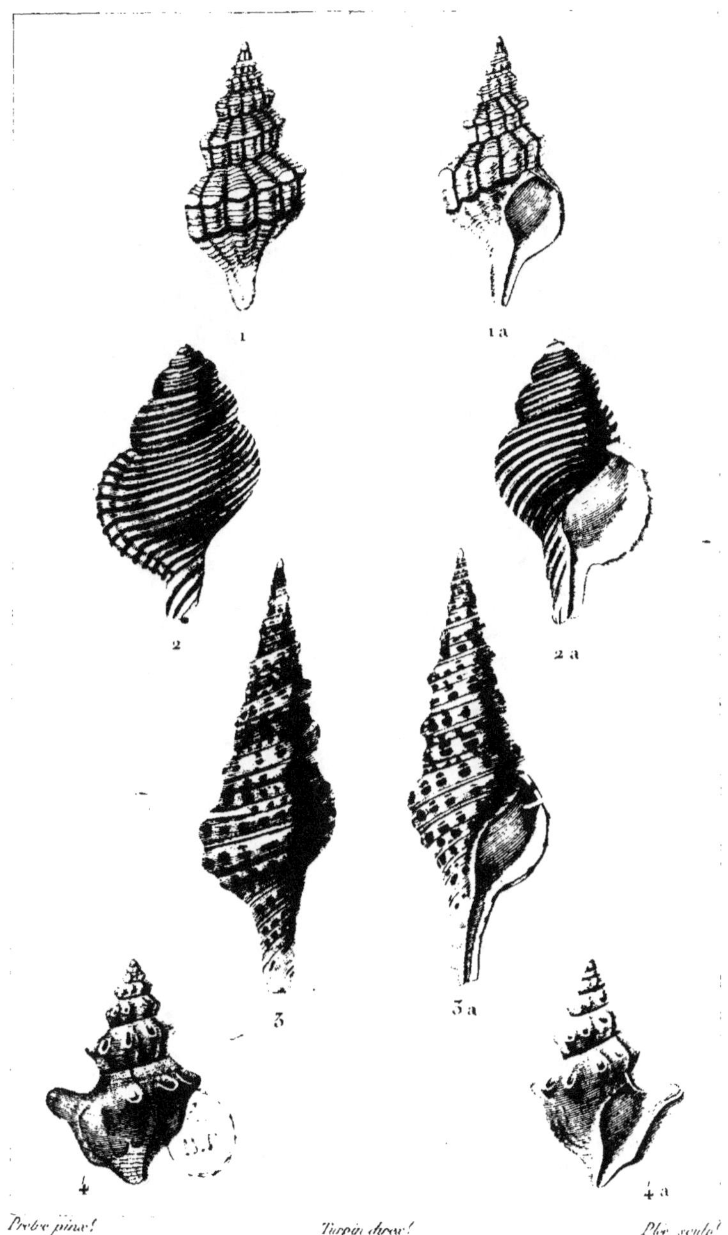

1 et 1a. **FUSEAU** rubané

2 et 2a. **TRITON** clandestin.

3 et 3a. **PLEUROTOME** tour de Babel.

4 et 4a. **CLAVATULE** auriculifère.

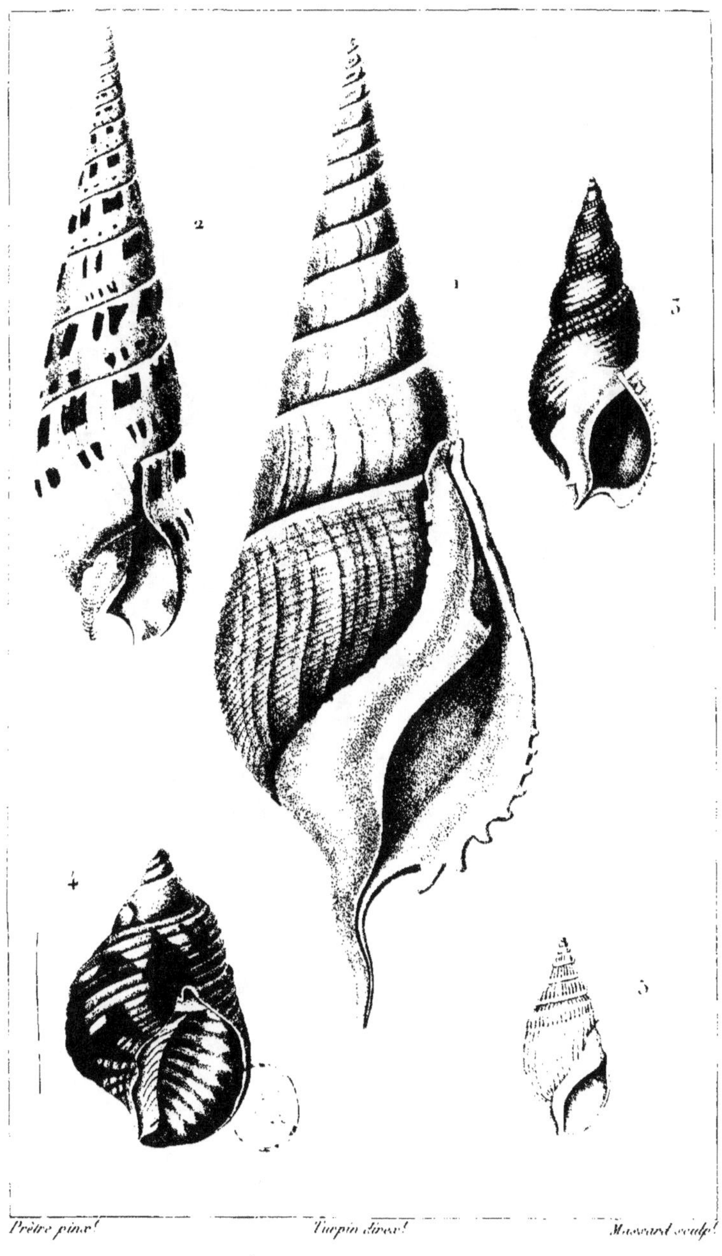

Prêtre pinx.^t   Turpin direx.^t   Massard sculp.^t

1. ROSTELLAIRE bécarquée.   3. VIS buccin.
2. ALÈNE tachetée.   4. PLANAXE sillonné.
5. MELANOPSIDE buccinoïde.

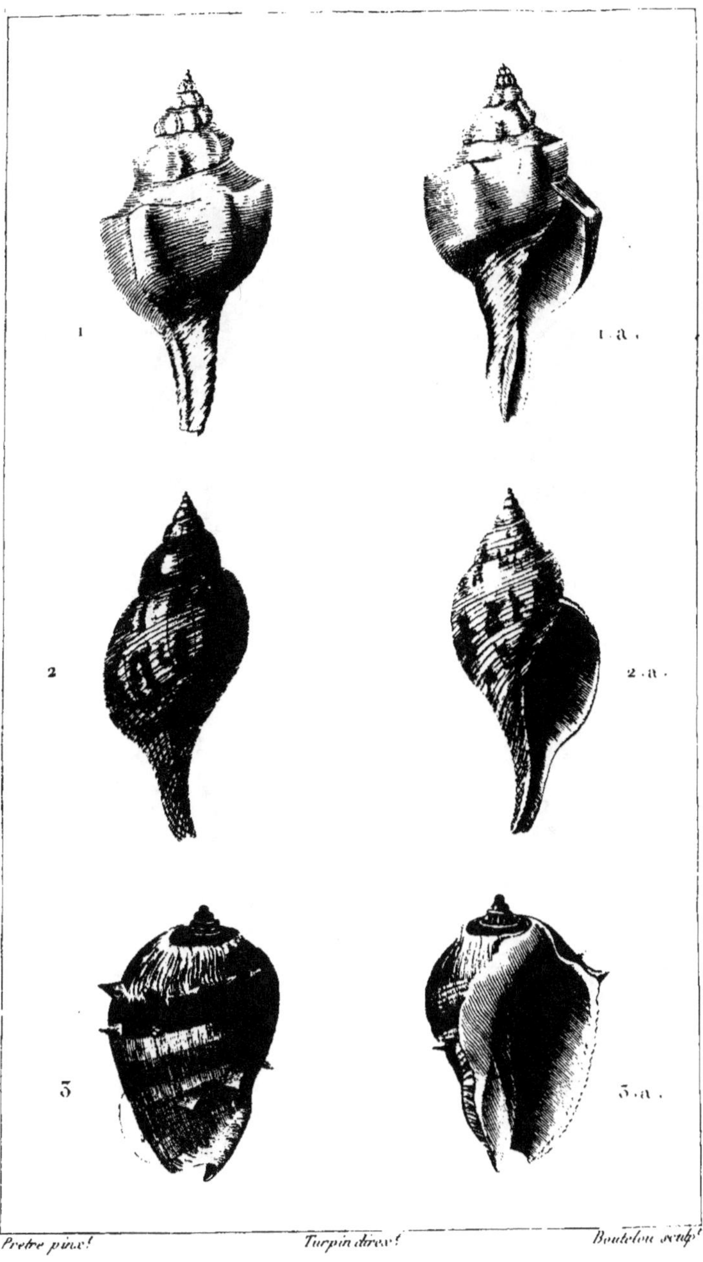

Pretre pinx.̱   Turpin direx.̱   Boutelou sculp.̱

1. TURBINELLE scolyme. 1. a. Id. vue du côté de la bouche.
2. FASCIOLAIRE tulipe. 2. a. Id. vue du côté de la bouche.
3. PYRULE mélongène. 3. a. Id. vue du côté de la bouche.

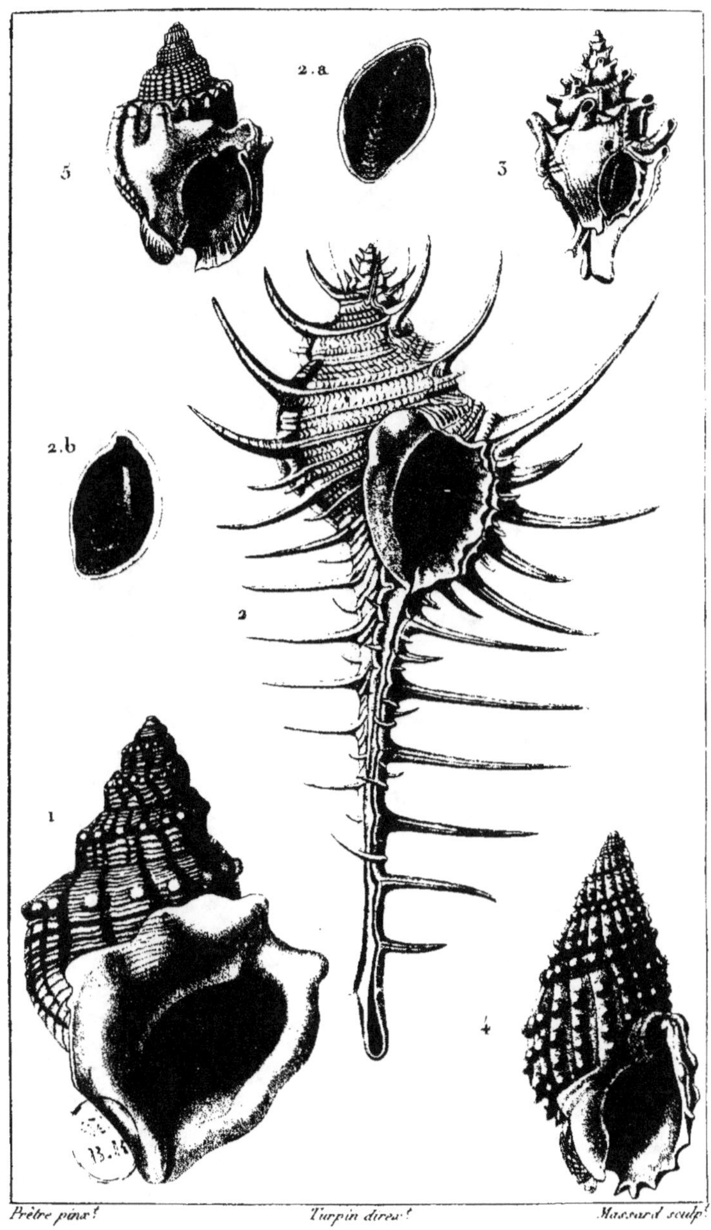

1. STRUTHIOLAIRE noduleuse.
2. ROCHER forte-épine.
2.a.2.b. Son opercule.

3. ROCHER tubifère.
4. BUCCIN tuberculeux.
5. ————— casquillon.

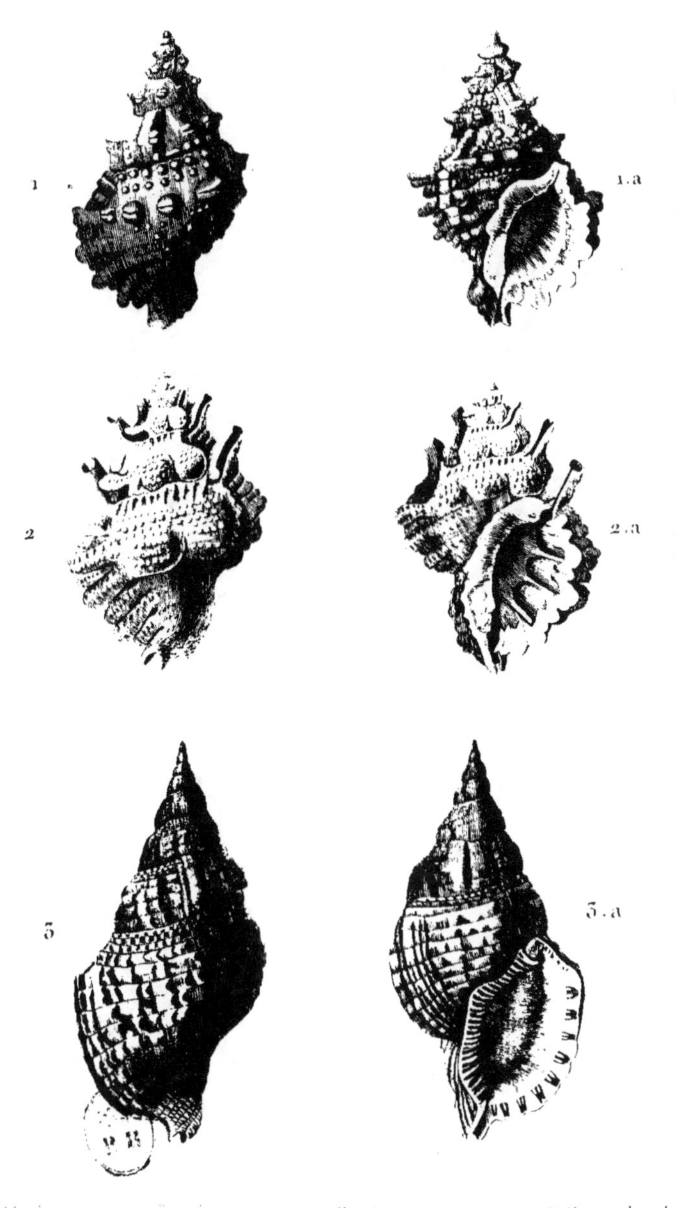

1. TRITON tuberculeux. 1.a. *Id. vu du côté de la bouche.*

2. RANELLE crapaud. 2.a. *Id. vue du côté de la bouche.*

3. TRITON varié. 3.a. *Id. vu du côté de la bouche.*

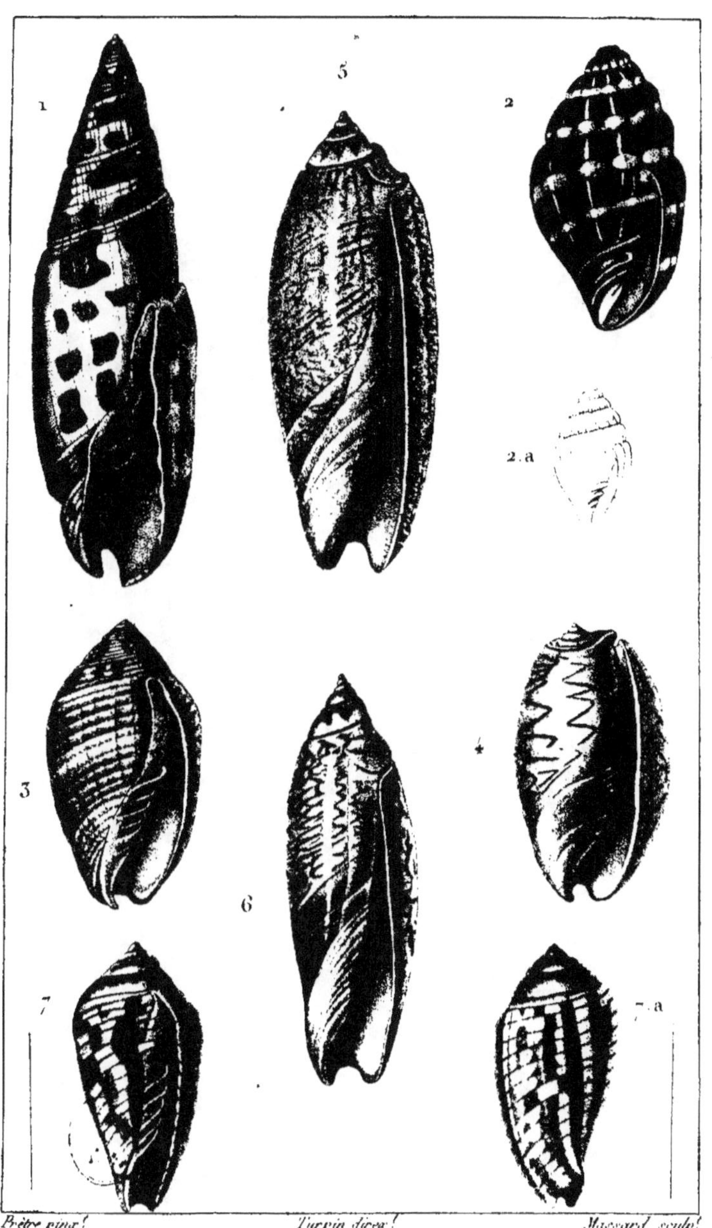

1. MITRE episcopale.
2. 2a. ———— à petites zônes.
3. ———— dactyle.
4. OLIVE ondée.
5. ———— littérée.
6. ———— subulée.
7. 7a. MITRE décorée.

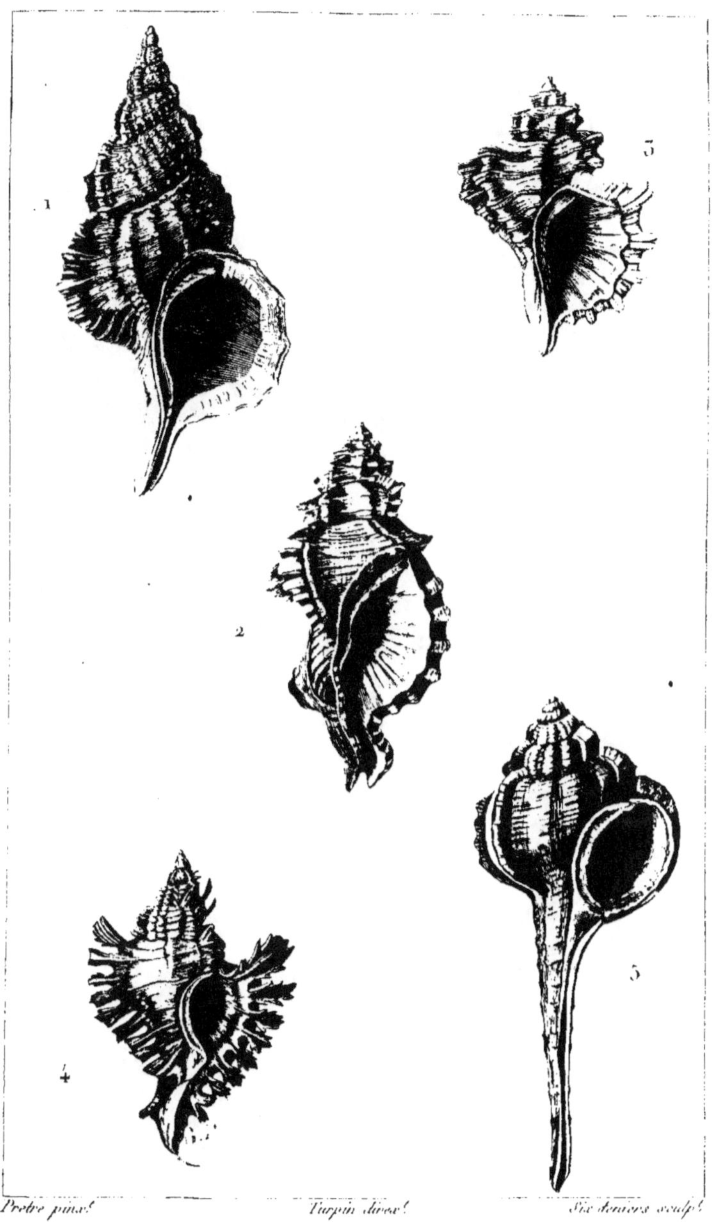

1. APOLLE gyrin. *MUREX* gyrinus. *(Lin.)*

2. LOTOIRE baignoire. *MUREX* lotorium.

3. AQUILE cutacé. *MUREX* cutaceus. *(Lin.)*

4. MUREX chicorée.

5. BRONTE cuiller. *MUREX* haustellum. *(Lin.)*

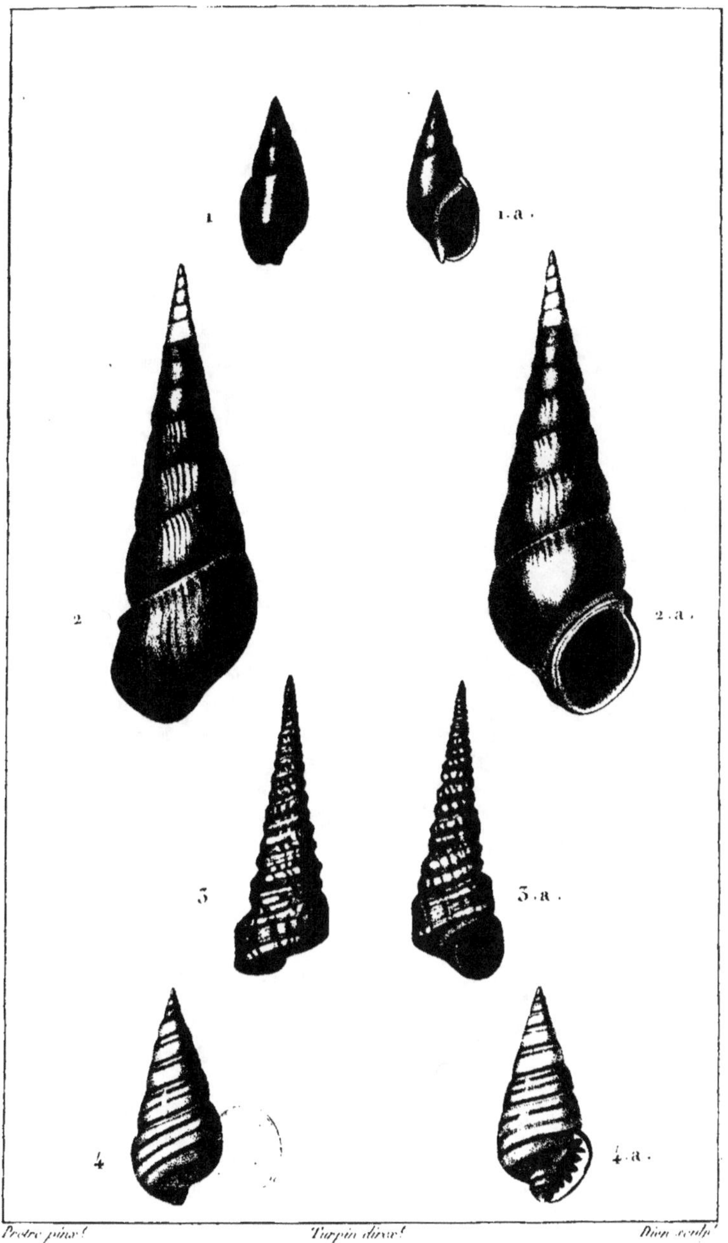

Pestre pinx.t   Turpin direx.t   Dien sculp.t

1 et 1.a. **MELANOPSIDE** lisse.
2 et 2.a. **PYRENE** de Madagascar.
5 et 5.a. **TURRITELLE** acutangle.
4 et 4.a. **PYRAMIDELLE** terebelle.

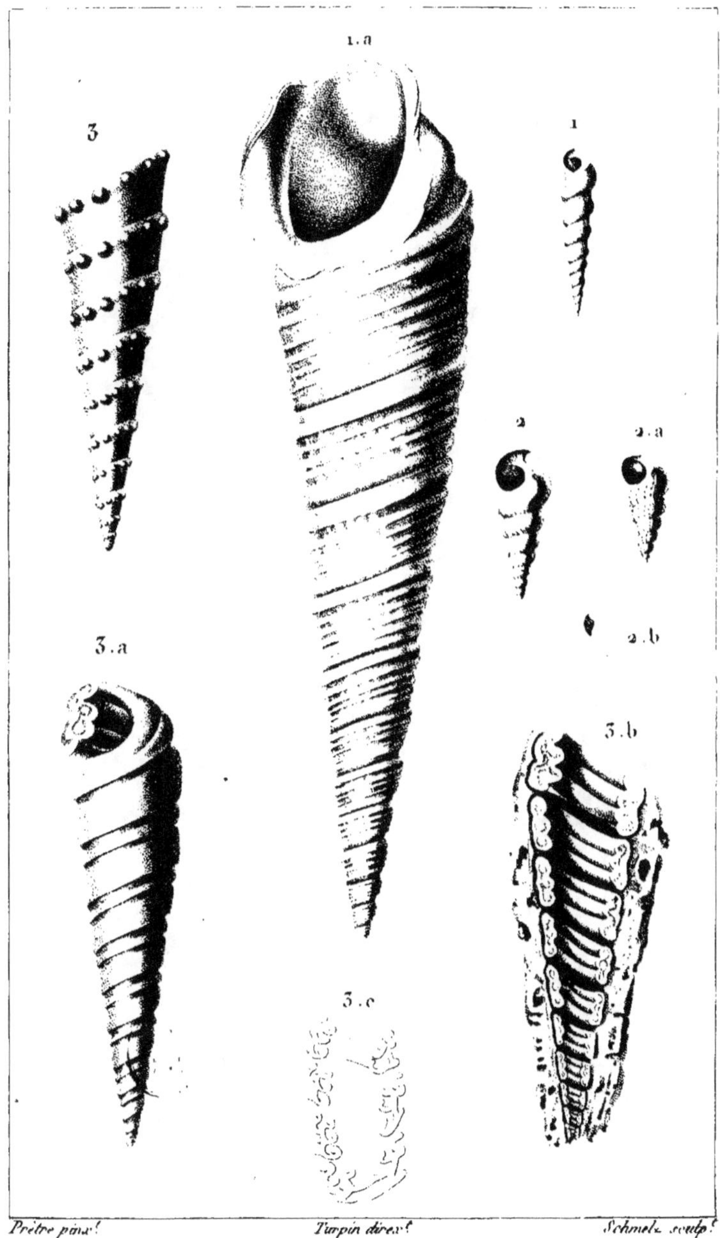

Pretre pinx.t — Turpin direx.t — Schmelz sculp.t

1. PROTO maraschinii. *(Def.)*
1.a. PROTO? turritella *(Def.)*
2. POTAMIDE fragile *(Def.)* 2.a. Id. var. 2.b. Id. vue de côté.
3. NÉRINE tuberculeuse *(Def.)* 3.a. Id. moule intérieur. 3.b. Idem coupé longitudinalement. 3.c. Id. autre coupe oblique.

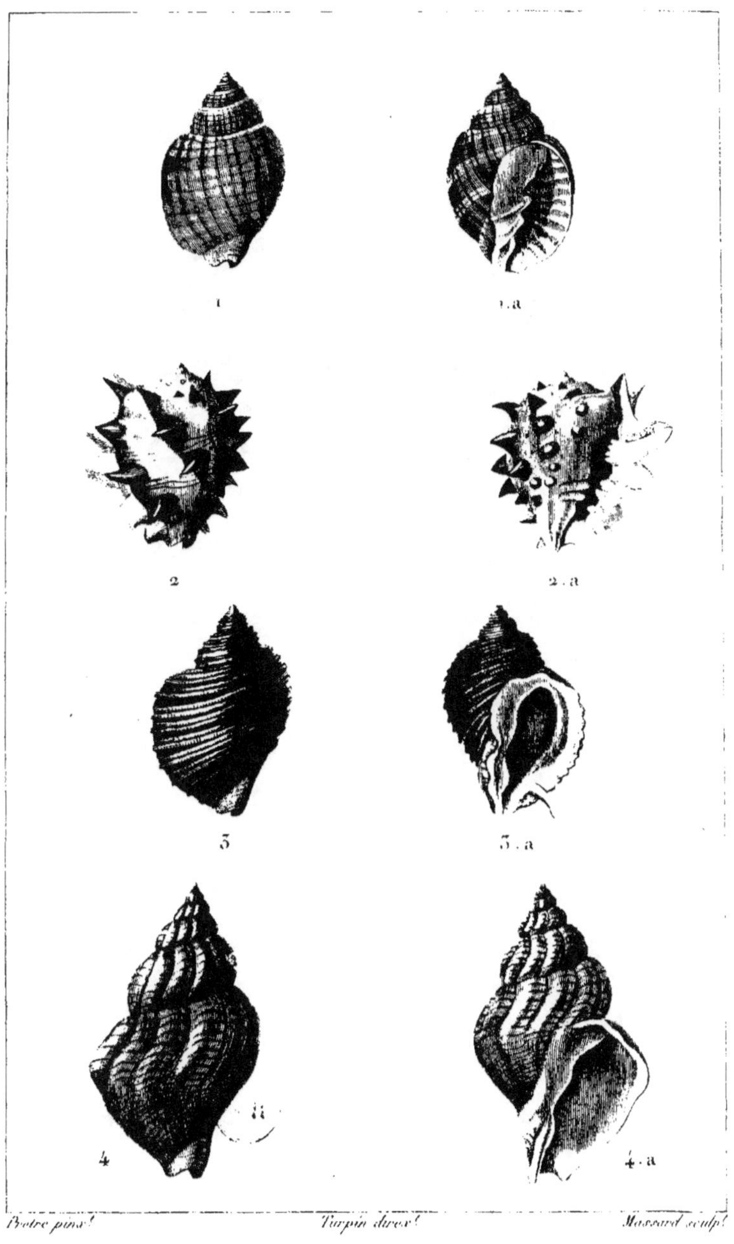

1 et 1a. CANCELLAIRE réticulée.
2 et 2a. RICINULE horrible.
3 et 3a. LICORNE imbriquée.
4 et 4a. BUCCIN ondé.

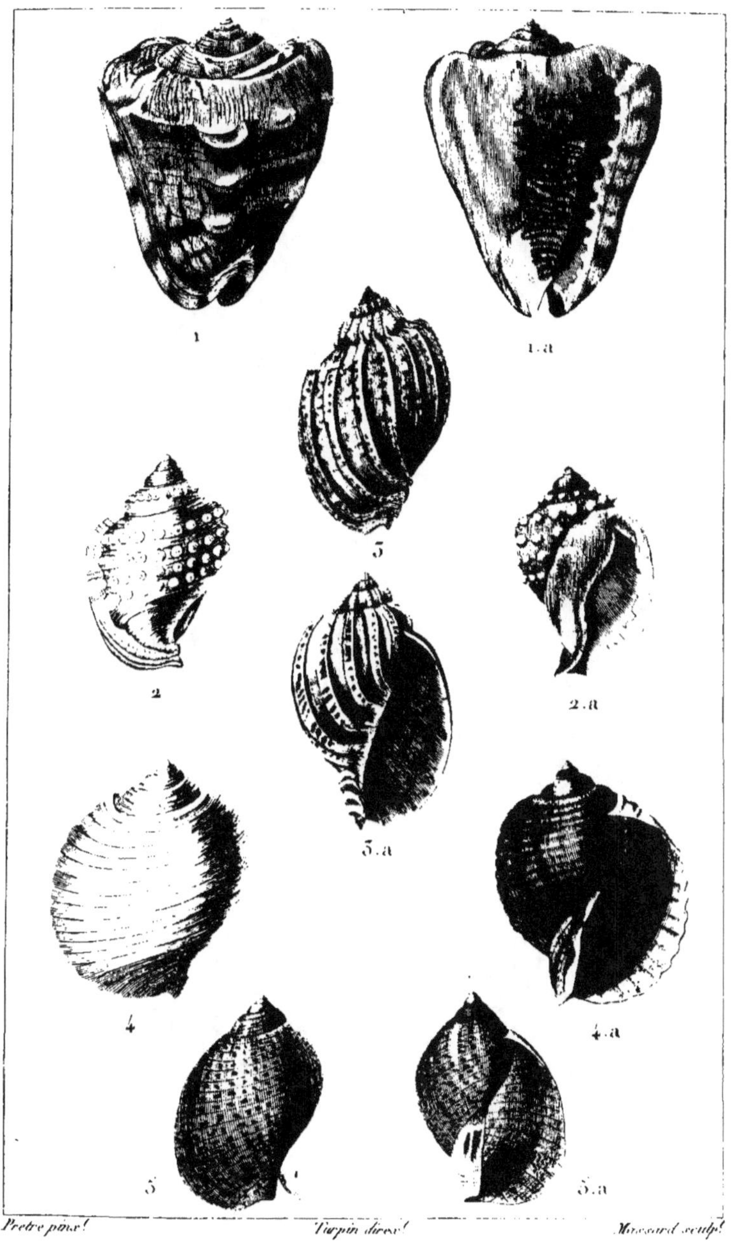

1 et 1.a. **CASQUE** triangulaire.
2 et 2.a. **CASSIDAIRE** échinophore.
3 et 3.a. **HARPE** noble.
4 et 4.a. **TONNE** cannelée.
5 et 5.a. **TONNE** perdrix.

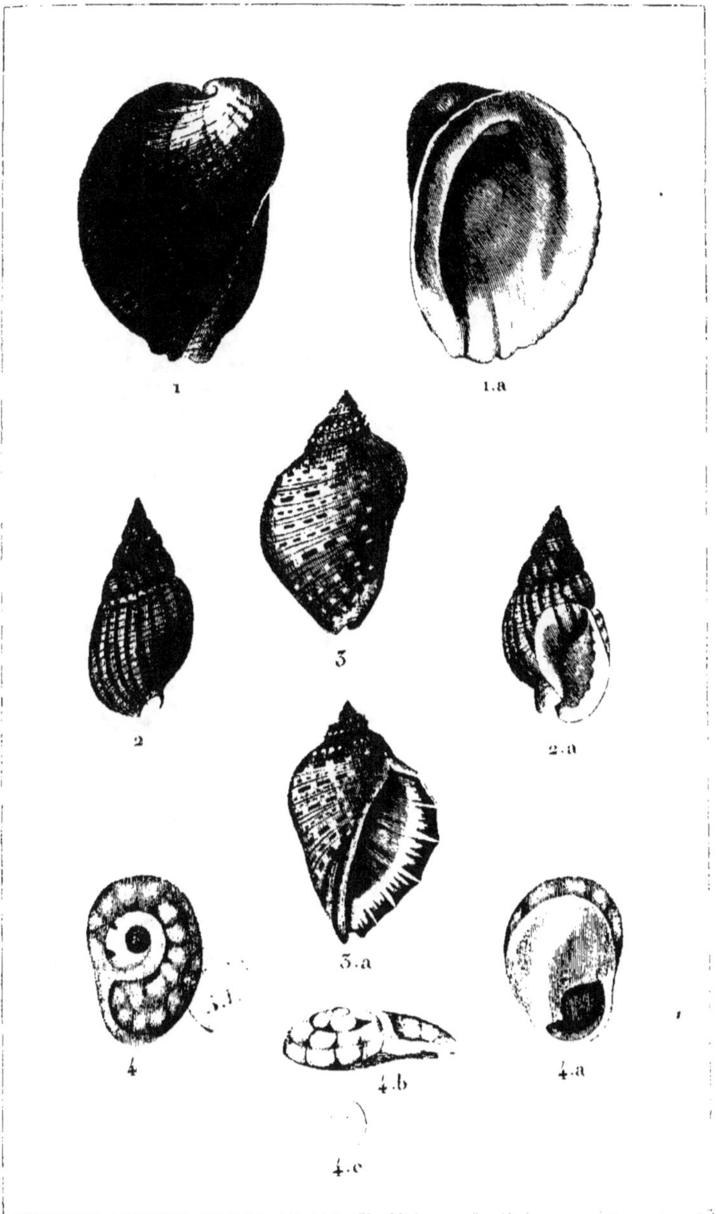

XXIV

1 et 1a. **CONCHOLEPAS** du Pérou.

2 et 2a. **BUCCIN** réticulé.

3 et 3a. **POURPRE** persique.

4, 4a et 4b. **CYCLOPE** étoilé grossi. Buccinum neriteum. Linn.

4c. De grandeur naturelle.

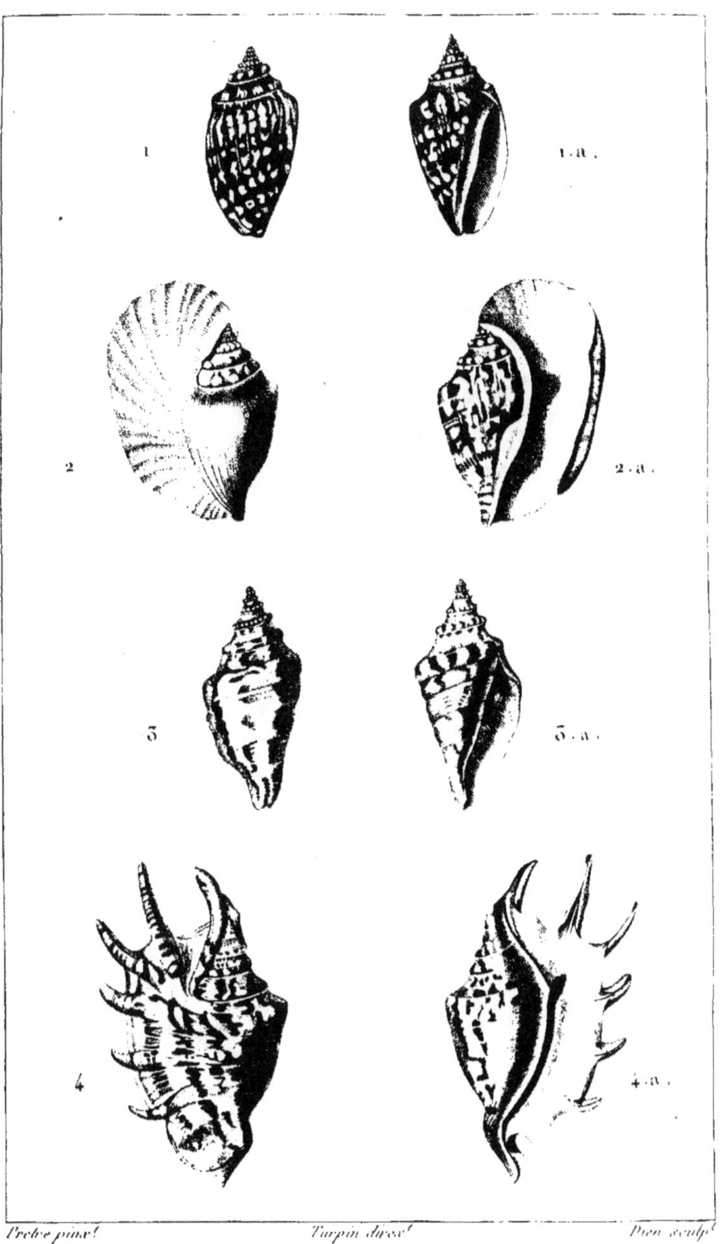

1. STROMBE aile cornue *prem.re état*. 1.a. *Id. vue du côté de la bouche*.
2. S............ a........... *à l'état parfait*. 2.a. *Id. vue du côté de la bouche*.
3. PTÉROCÈRE scorpion *prem.re état*. 3.a. *Id. vue du côté de la bouche*.
4. P.............. s........ *à l'état parfait*. 4.a. *Id. vue du côté de la bouche*.

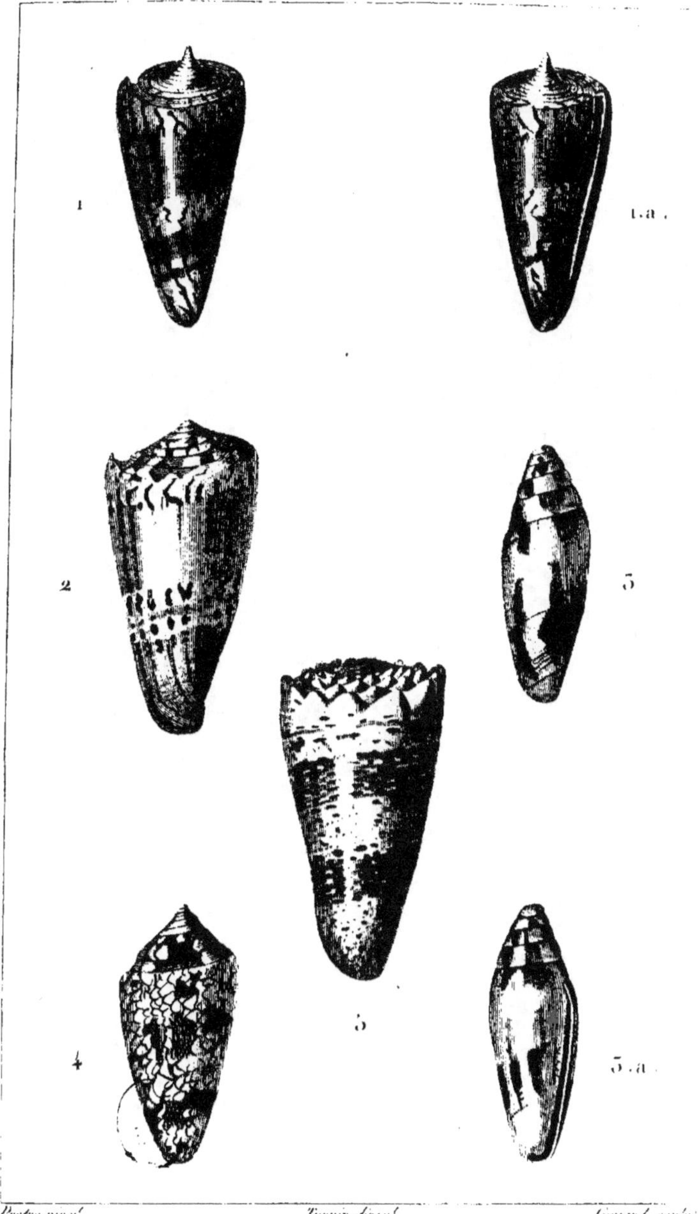

XXVI

1. CÔNE flamboyant. 1.a. *Du côté de l'ouverture.*
2. CÔNE hermine. *C. mustelinus.*
3. CÔNE mitré. *C. mitratus.* 3.a. *Du côté de l'ouverture.*
4. CÔNE drap-d'or. *C. textile.*
5. RHOMBE impérial. *C. imperialis.*

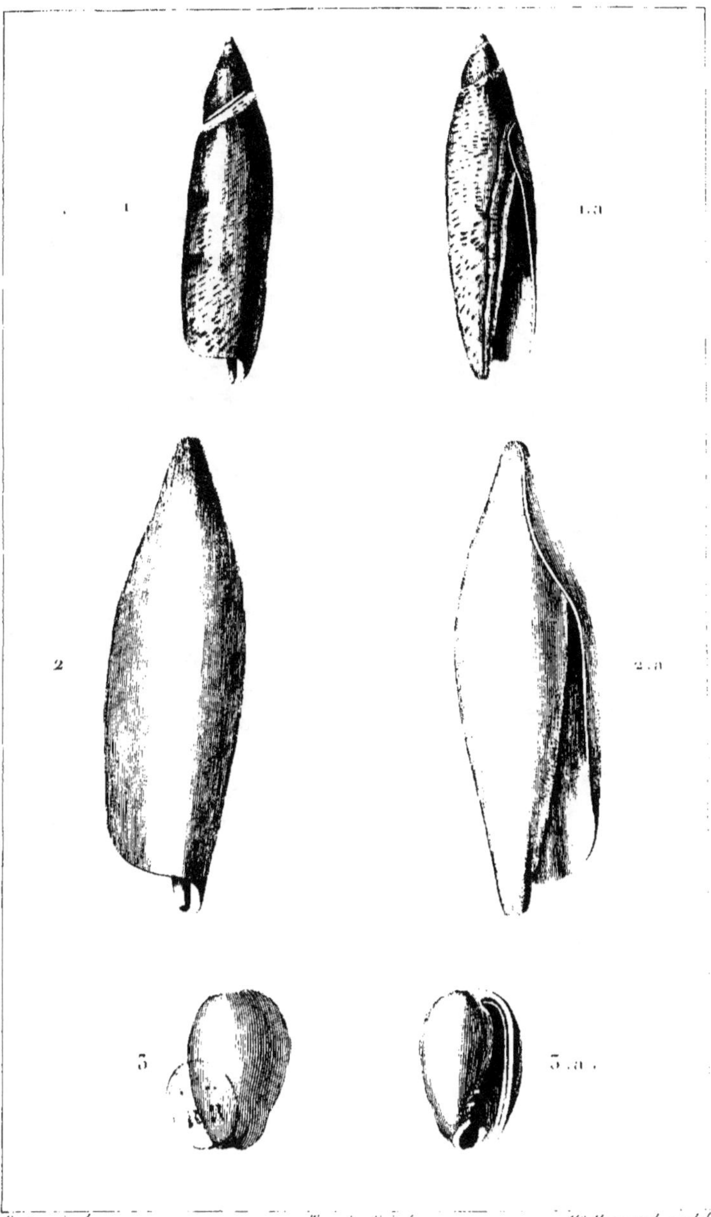

Pretre pinx.t   Turpin direx.t   M.me Massard sculp.t

1. TARRIÈRE subulée. 1.a. Du côté de l'ouverture.

2. { SERAPHE oublie.
     { TEREB. convolutum.   2.a. Du côté de l'ouverture.

3. { VOLVAIRE à collier.
     { VOLV. monilis.   3.a. Id. vue du côté de la bouche.

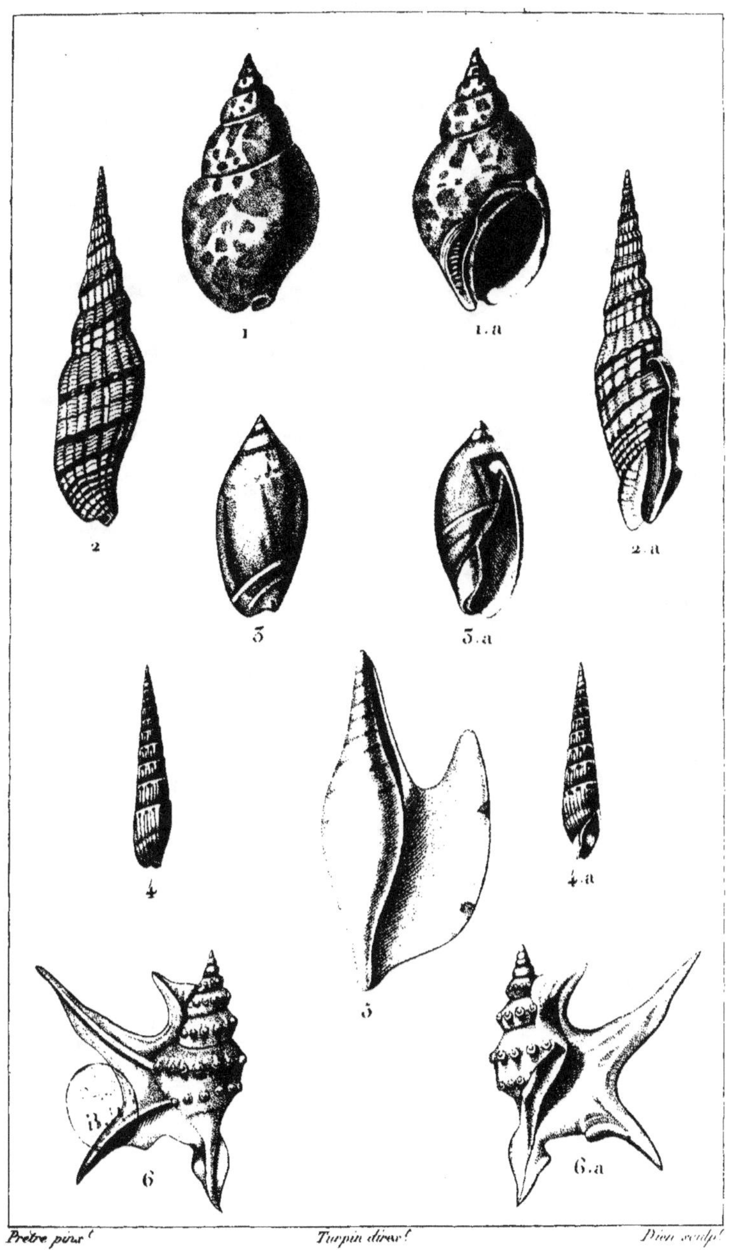

XXVIII

1 et 1a. **EBURNE** de Ceylan. 2 et 2a. **MITRE** rubanée.

3 et 3a. **ANCILLAIRE** canelle. 4 et 4a. **VIS** forêt.

5. **HIPPOCRÈNE** columbaire. Rostellaire columbaire (*Lamarck*)

6 et 6a. **ROSTELLAIRE** pied de Pélican.

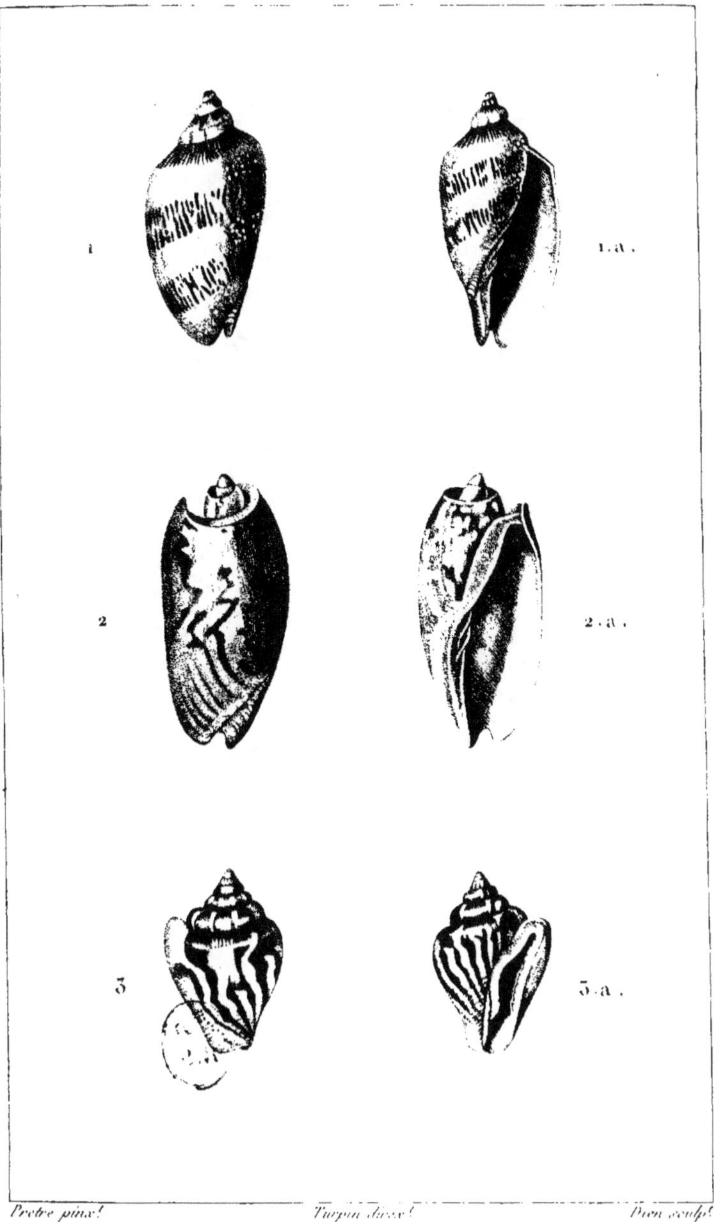

1. VOLUTE neigeuse. 1. a. Id. vue du côté de la bouche.

2. CYMBIE gondole. 2. a. Id. vue du côté de la bouche.

3. COLUMBELLE strombiforme. 3. a. Id. vue du côté de la bouche.

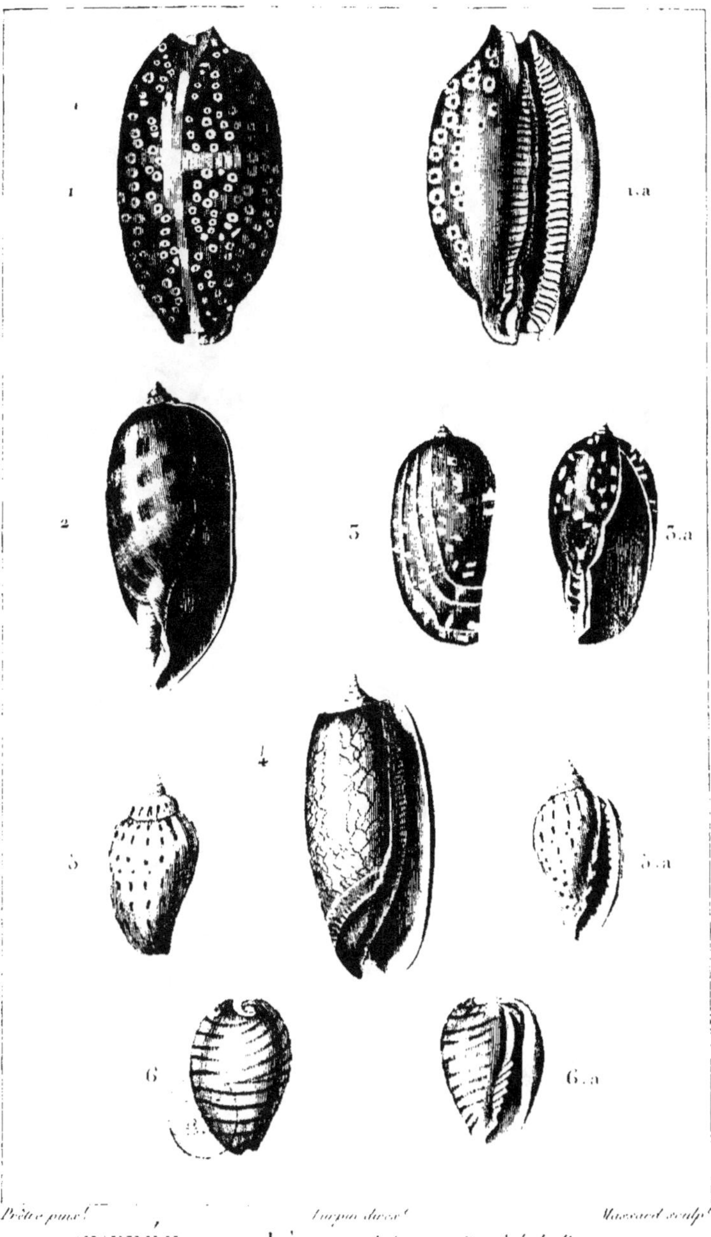

XXX

1. CYPRÉE exanthème, adulte. 1.a. Du côté de l'ouverture.
2. CYPRÉE exanthème, non adulte.
3. PERIBOLE d'Adanson. 3.a. Du côté de l'ouvert.
4. OLIVE de Panama.
5. MARGINELLE fèverolle. 5.a. Du côté de l'ouverture.
6. MARGINELLE bobi. 6.a. Du côté de l'ouverture.

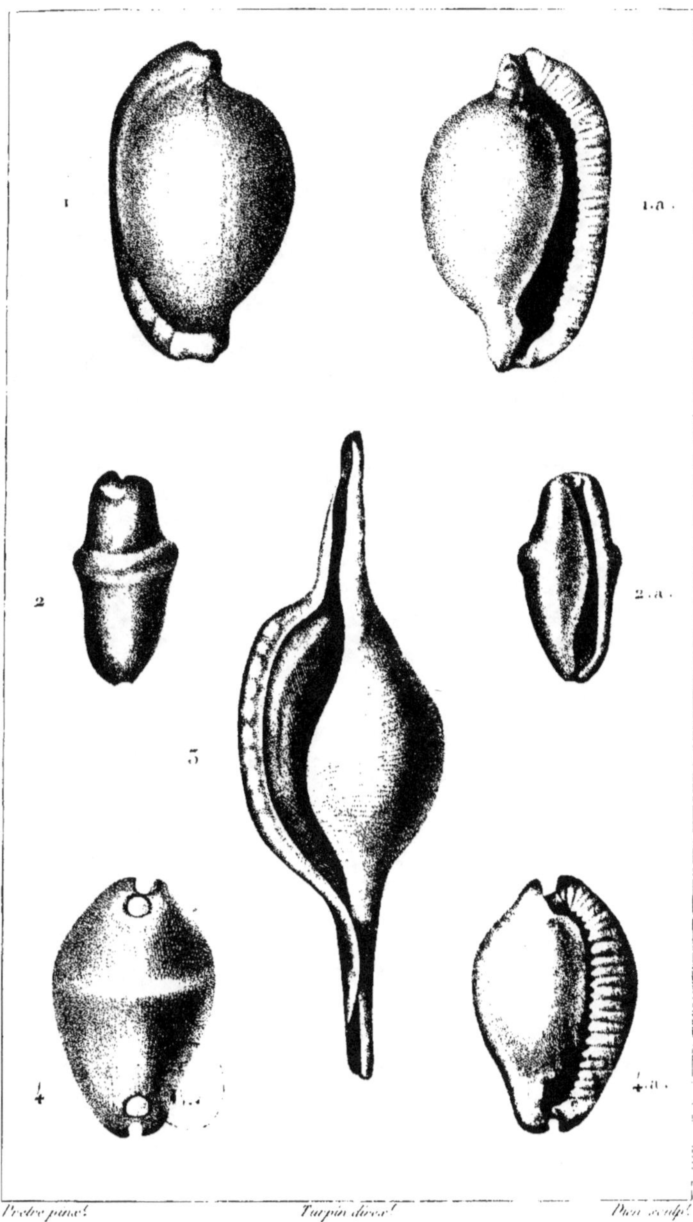

XXXI

1. OVULE oviforme. 1.a. Du côté de l'ouverture.
2. ULTIME gibbeux. Ov. gibbeuse. 2.a. Du côté de l'ouverture.
3. NAVETTE volve. Ov. volva.
4. CALPURNE verruqueux. 4.a. Vue du côté de l'ouverture.

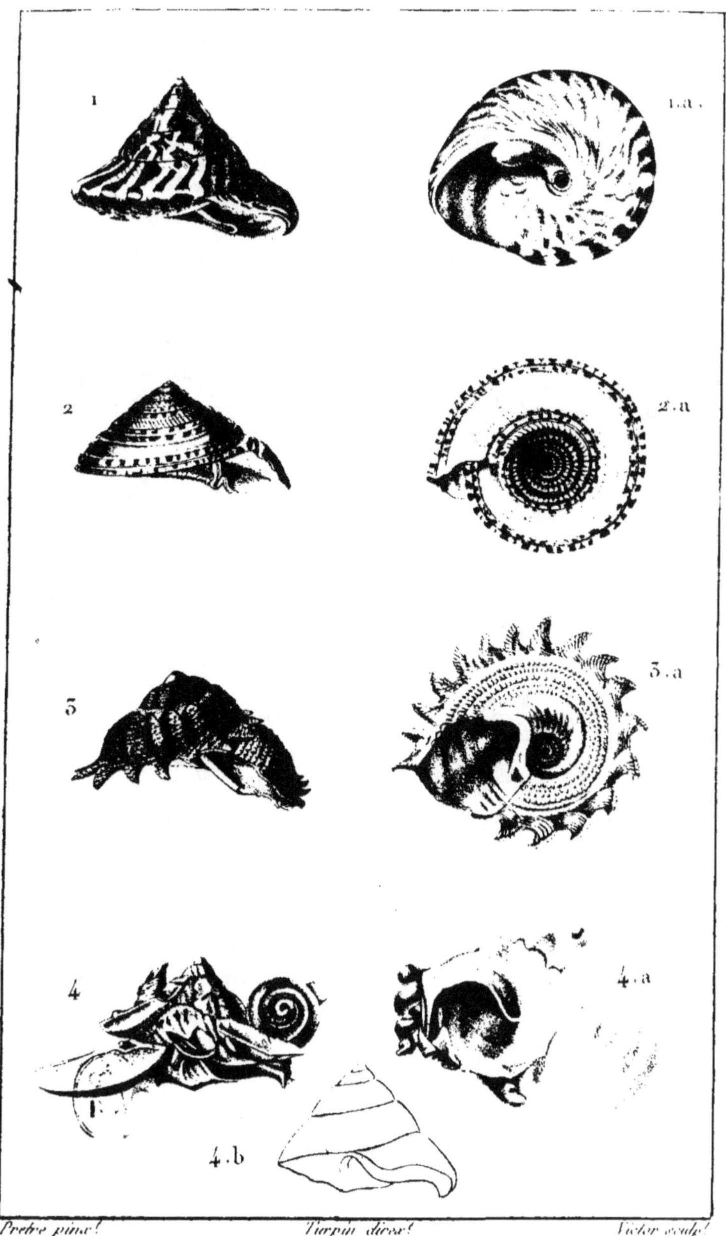

1. TROQUE nilotique. 1.a. *Id. vue par sa base*.
2. CADRAN escalier. 2.a. *Id. vue par sa base*.
3. EMPEREUR couronné. 3.a. *Id. vue par sa base*.
4. FRIPIER agglutinant. 4.a. *Id. vue par sa base*.
4.b. *La même dépouillée des corps étrangers*.

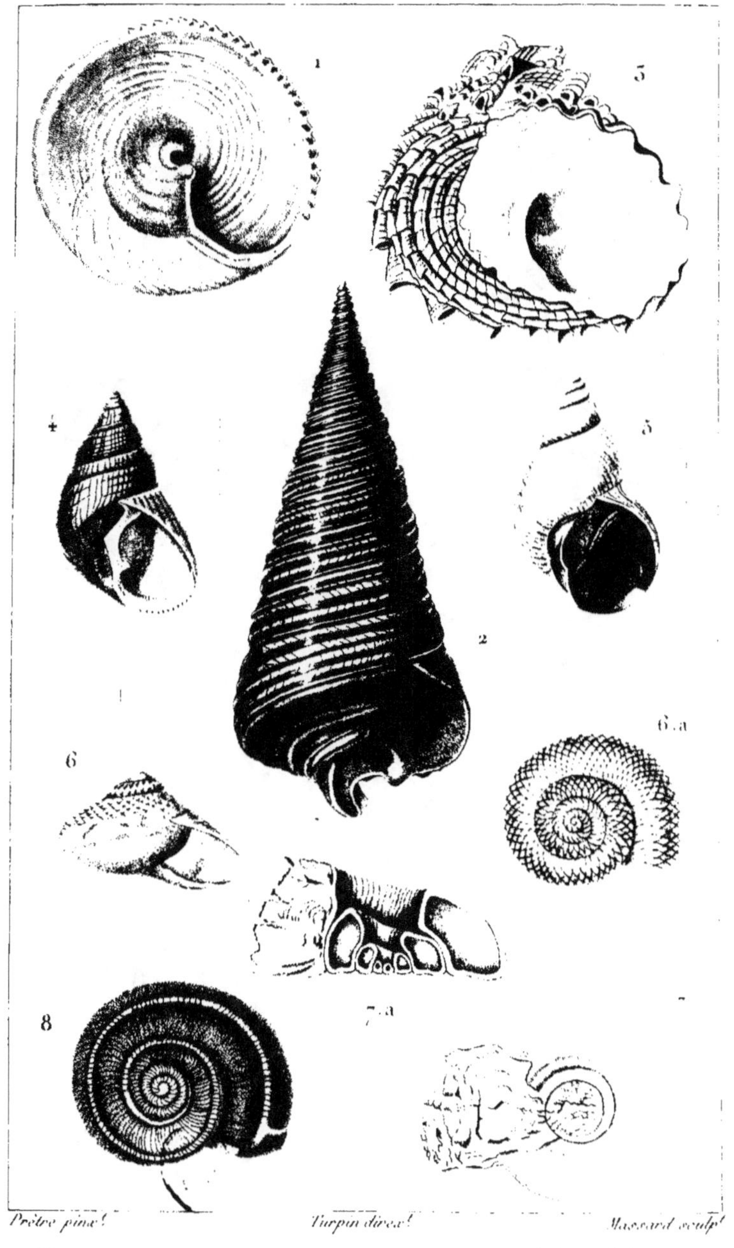

1. TOUPIE concave.
2. ———— télescope.
3. ———— obélisque.
4. ———— iris.

5. SABOT blanchâtre.
6. 6,a. ROULETTE rose.
7. 7,a. MACLOURITE géant.
8. EUOMPHALE ancien.

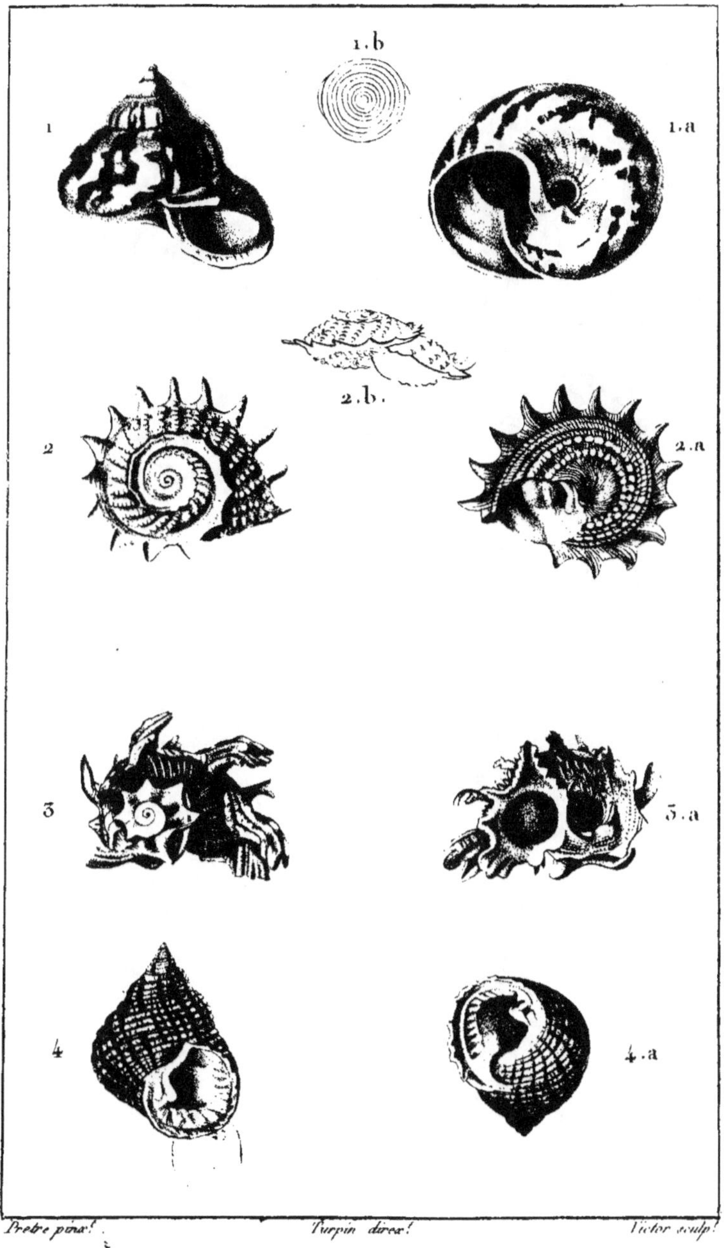

XXXIII

Pretre pinx!   Turpin direx!   Victor sculp!

1. TURBO veuve *polié* . 1.a *Id. vu par sa base* . 1.b *Opercule* .

2. EPERON molette . *vu par le dos* . 2.a *Id. vu par sa base* . 2.b *Id. vu de côté* .

3. DAUPHINULE lacinié . *vu par le dos* . 3.a *Id. vu par sa base* .

4. MONODONTE double bouche . 4.a *Variété du même* .

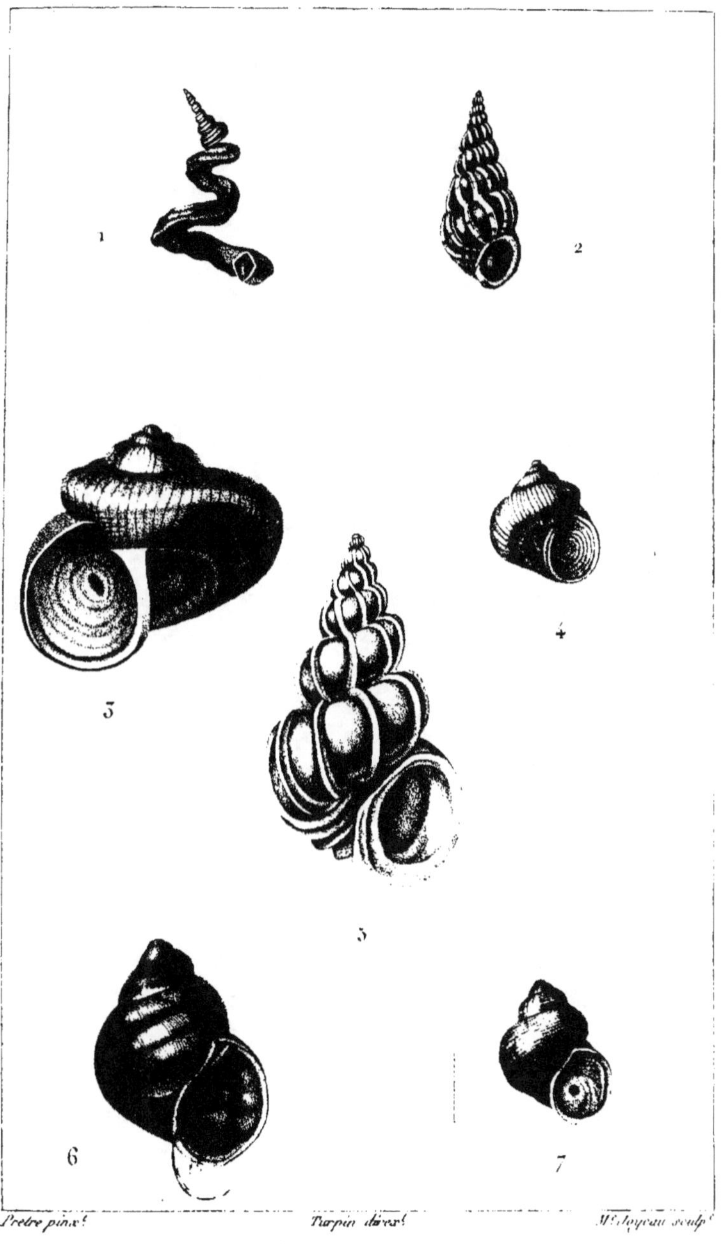

XXXIV

Pretre pinx.̈   Turpin direx.̈   M.ᵉ Joyeau sculp.̈

1.VERMET d'Adanson. 2.SCALAIRE commune.
3.LANISTE d'Olivier. 4.VALVAIRE des piscines.
5.SCALAIRE précieuse. 6.VIVIPARE à bandes.
7.CYCLOSTOME élégant.

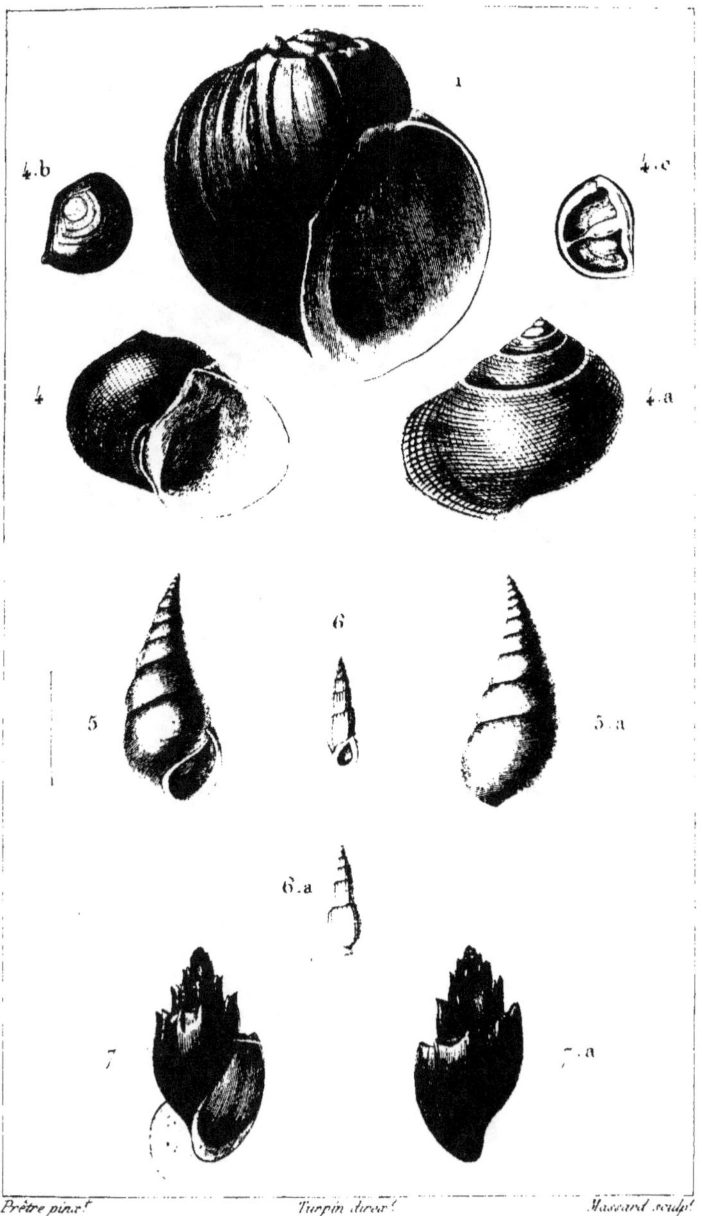

Prêtre pinx.t   Turpin direx.t   Massard sculp.t

1. AMPULLAIRE idole.
4.4a. HÉLICINE striée.
4b. 4c. Son opercule.
5. 5a. PHASIANELLE infléchie.
6. 6a. RISSOAIRE aigue.
7. 7a. MÉLANIE thiare.

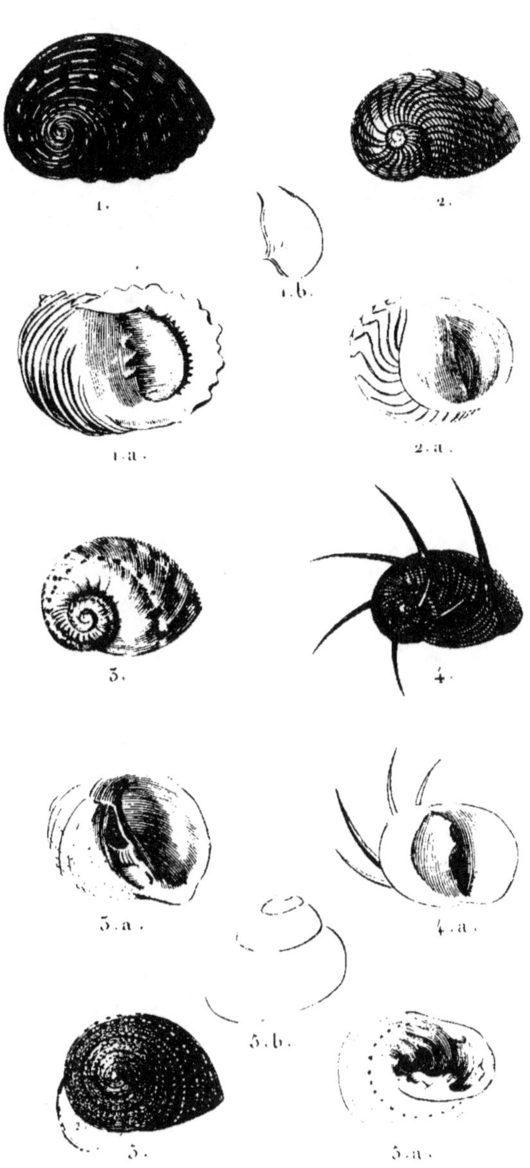

1. NÉRITE de Malacca . 1.a. *Id. vue du côté de la bouche.* 1.b. *Opercule.*
2. NÉRITINE zébre . 2.a. *Id. vue du côté de la bouche.*
3. NATICE zonaire . 3.a. *Id. vue du côté de la bouche.*
4. CLITHON couronné. 4.a. *Id. vue du côté de la bouche.*
5. MONODONTE de Pharaon . 5.a. *Id. vue du côté de la bouche.* 5.b. *profil.*

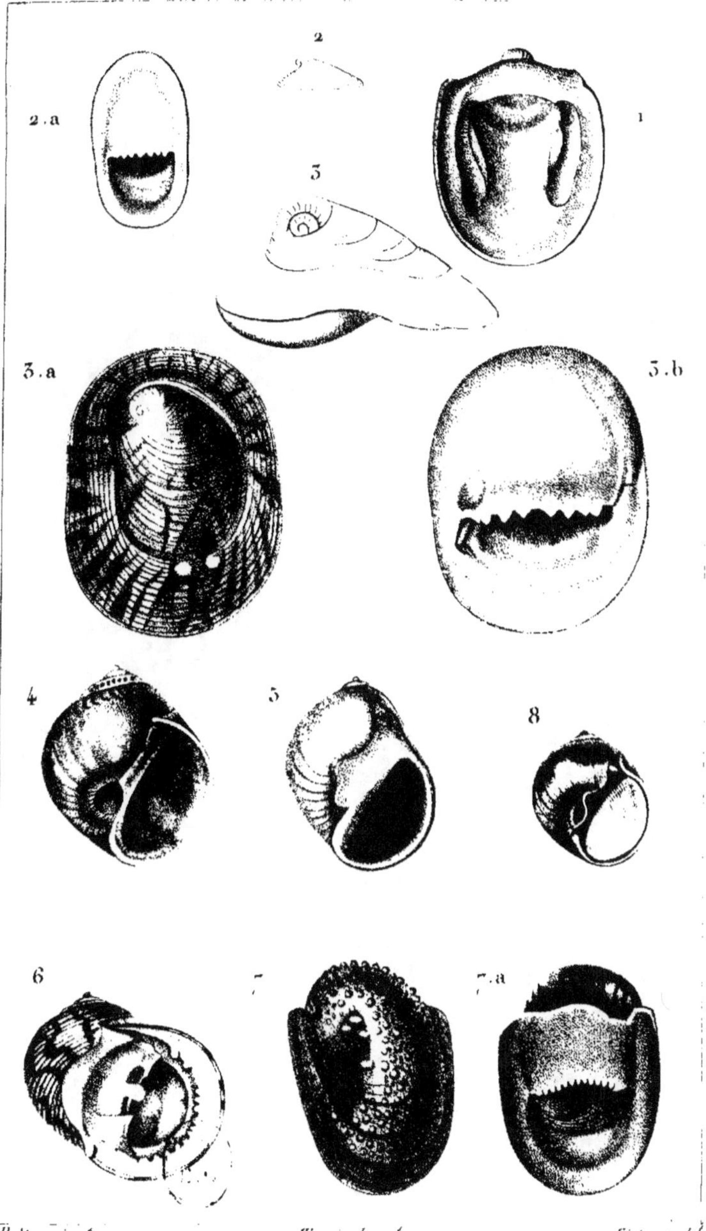

1. **NAVICELLE** elliptique.
2. **PILÉOLE** de Hauteville.
3. 3 a. 3 b. **NATICE** perverse.
4. **NATICE** marron.
5. **NATICE** mamelle.
6. **NERITE** saignante.
7. 7 a. **NERITINE** auriculée.
8. **NATICE** solide.

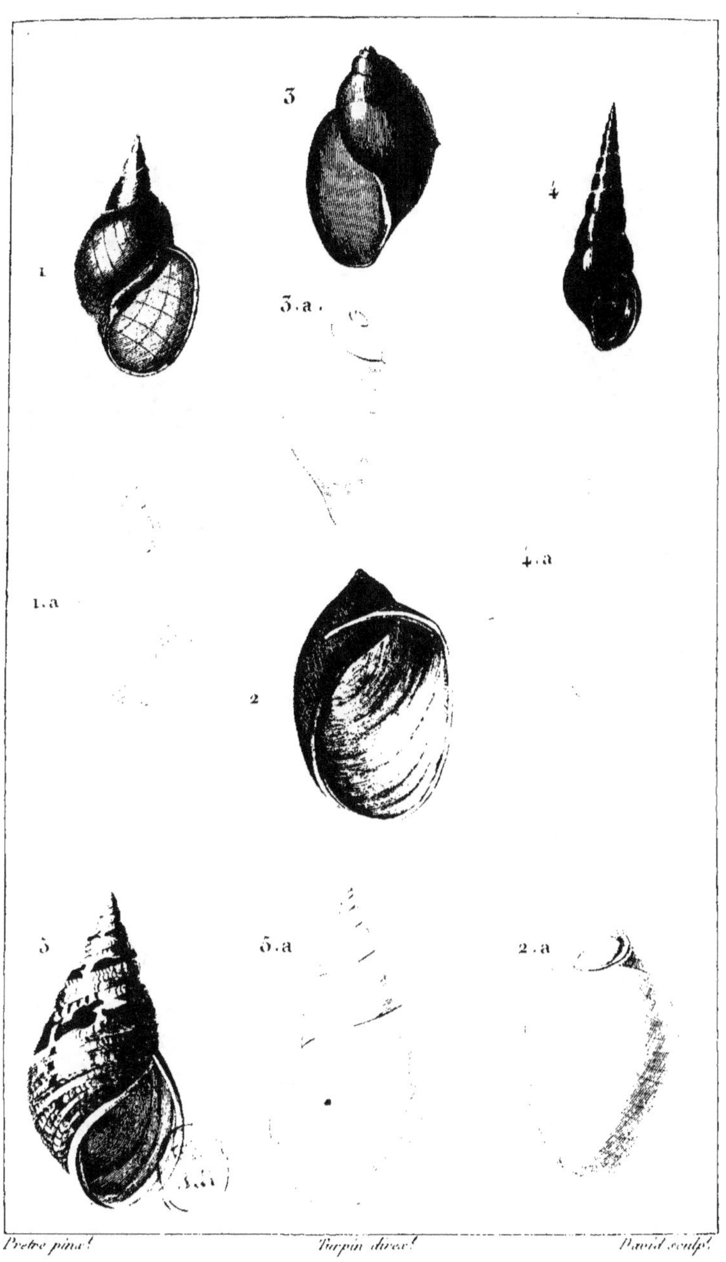

1. LIMNÉE stagnal. 1.a Id. vue en dessus.
2. AMPHIBULIME capuchon. 2.a Id. vue en dessus.
3. PHYSE de la Nouvelle Hollande. 3.a Id. vue en dessus.
4. MELANIE spire aigue. 4.a Id. vue en dessus.
5. PHASIANELLE peinte. 5.a Id. vue en dessus.

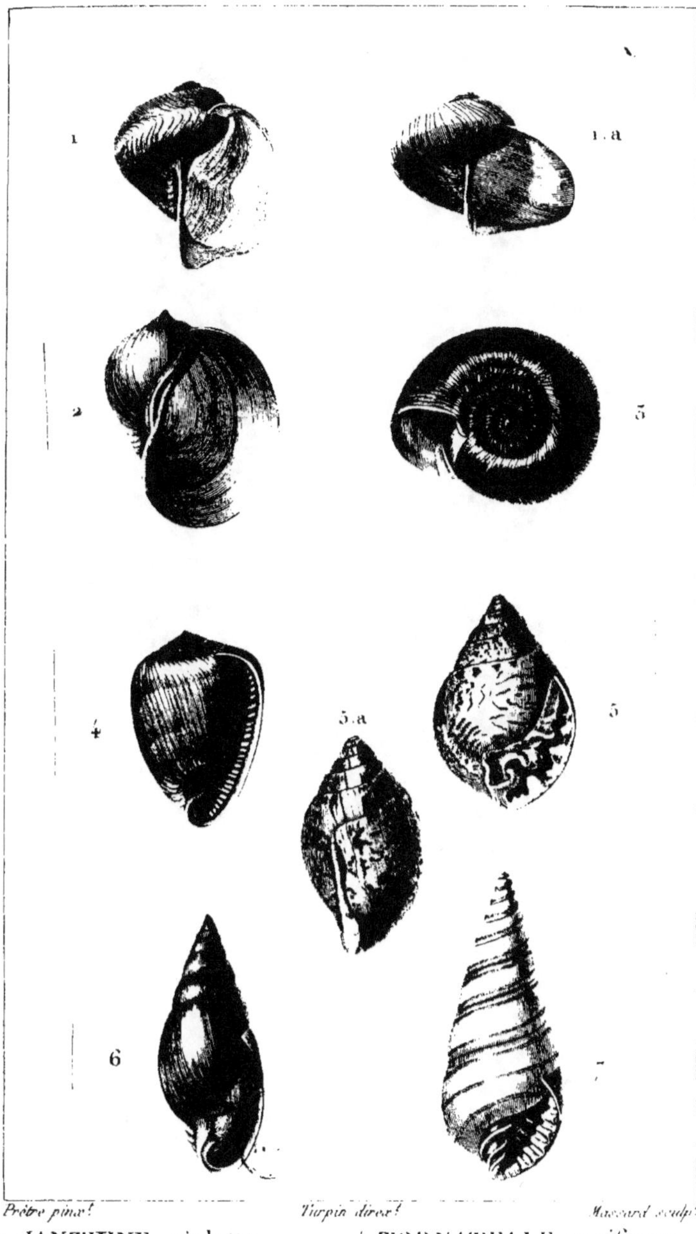

1. JANTHINE violette.

1.a ————— *var.*

2. LIMNÉE auriculaire.

3. PLANORBE corné.

4. TORNATELLE coniforme.

5.5a. AURICULE aveline.

6. AURICULE pygmée.

7. PYRAMIDELLE dentée.

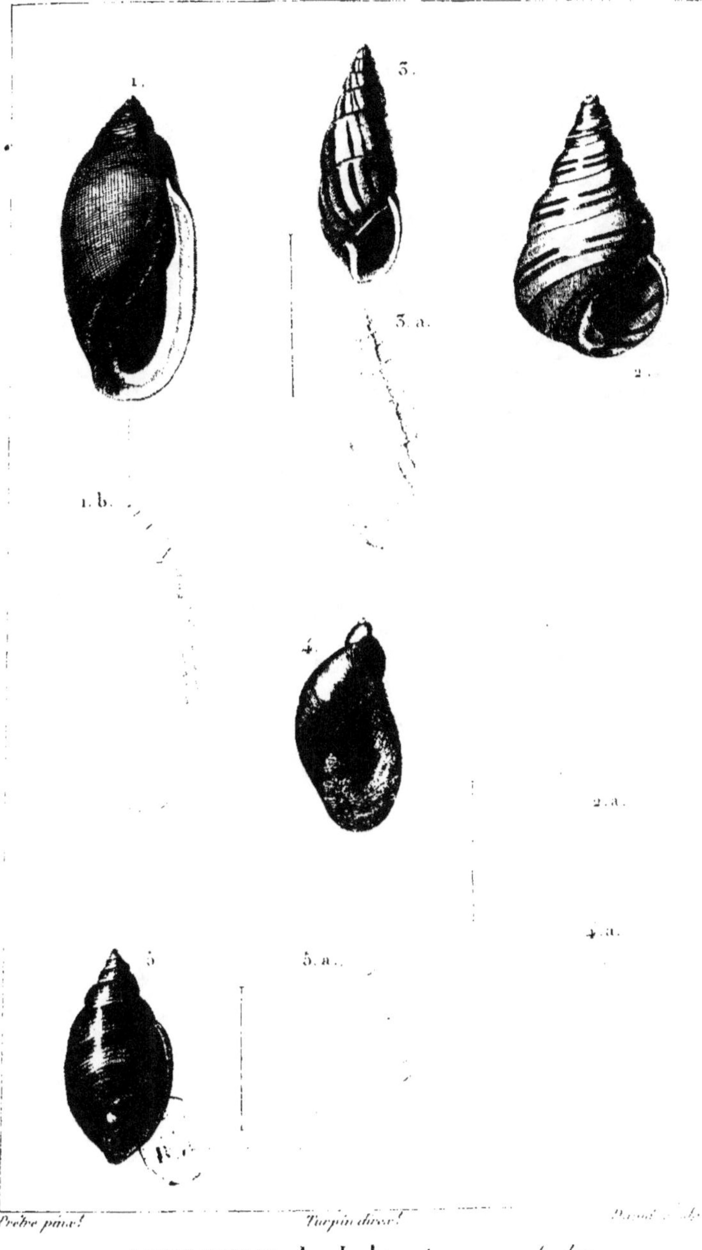

1. AURICULE de Juda. 1.b. vue par le dos.
2. AGATHINE de Virginie. 2.a. vue par le dos.
3. BULIME radié. 3.a. vue par le dos.
4. AMBRETTE amphibie. 4.a. vue par le dos.
5. TORNATELLE fasciée. 5.a. vue par le dos.

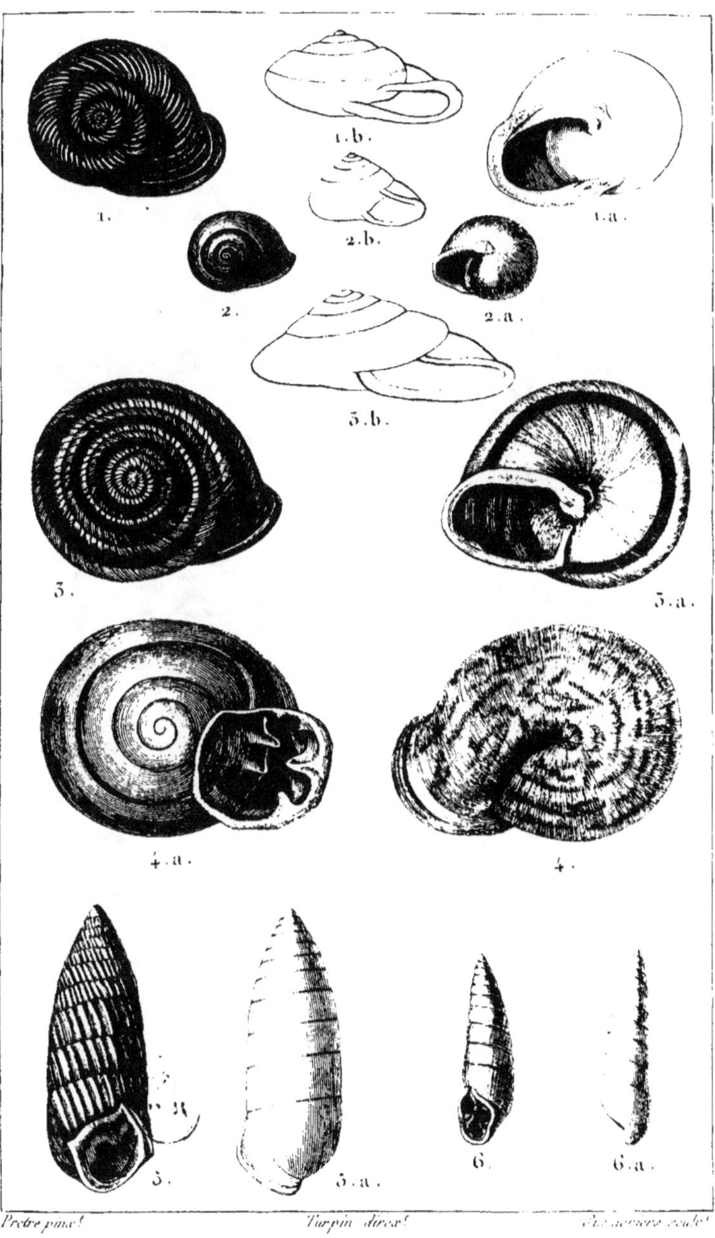

XXXIX

1. HELICE plissée . 1 a . Id. vue du côté de la bouche . 1 b . Id. vue de profil.
2. HELICINE néritine . 2 a . Id. vue du côté de la bouche . 2 b . Id. vue de profil.
3. CAROCOLLE à bandes . 3 a . Id. vue du côté de la bouche . 3 b . Id. vue de profil.
4. TOMOGÈRE déprimé . 4 a . Id. vue du côté de la bouche.
5. MAILLOT momie . 5 a . Id. vue par le dos.
6. CLAUSILIE lisse . 6 a . Id. vue par le dos.

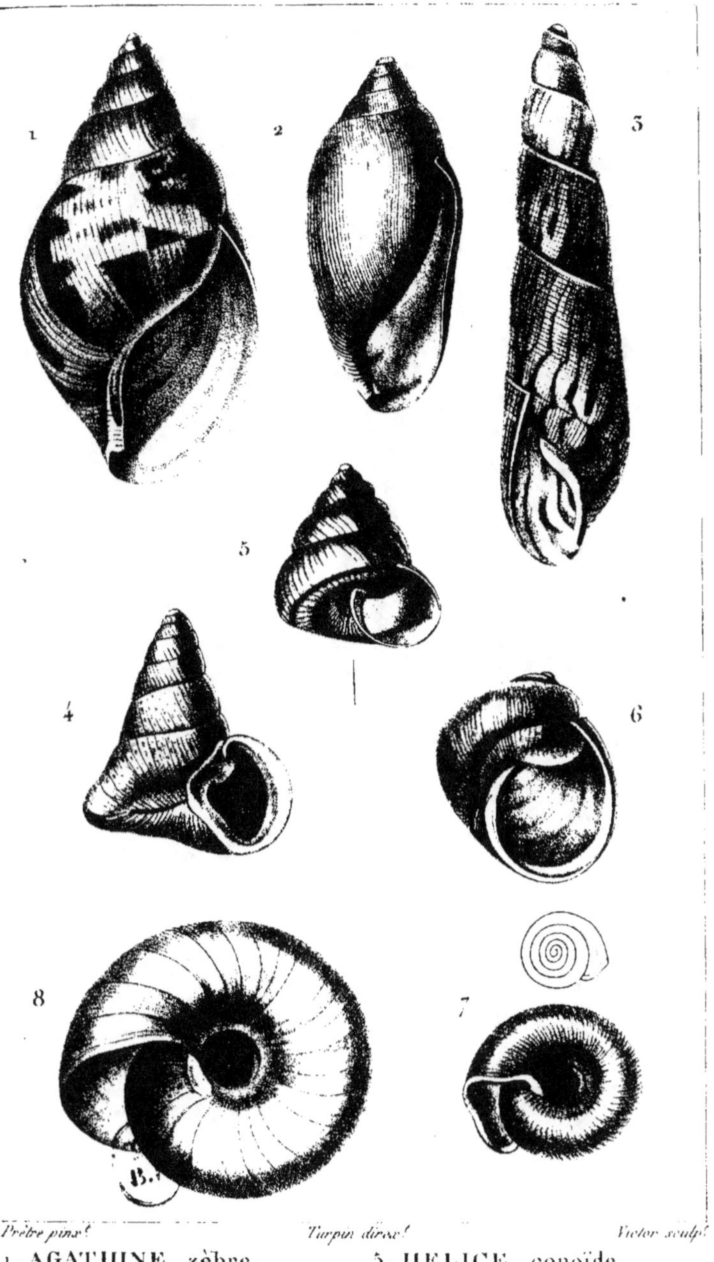

1. AGATHINE zèbre.	5. HELICE conoïde.
2. ——— gland.	6. ——— naticoïde.
3. ——— columnaire.	7. ——— planorbe.
4. MAILLOT bossu.	8. ——— peson.

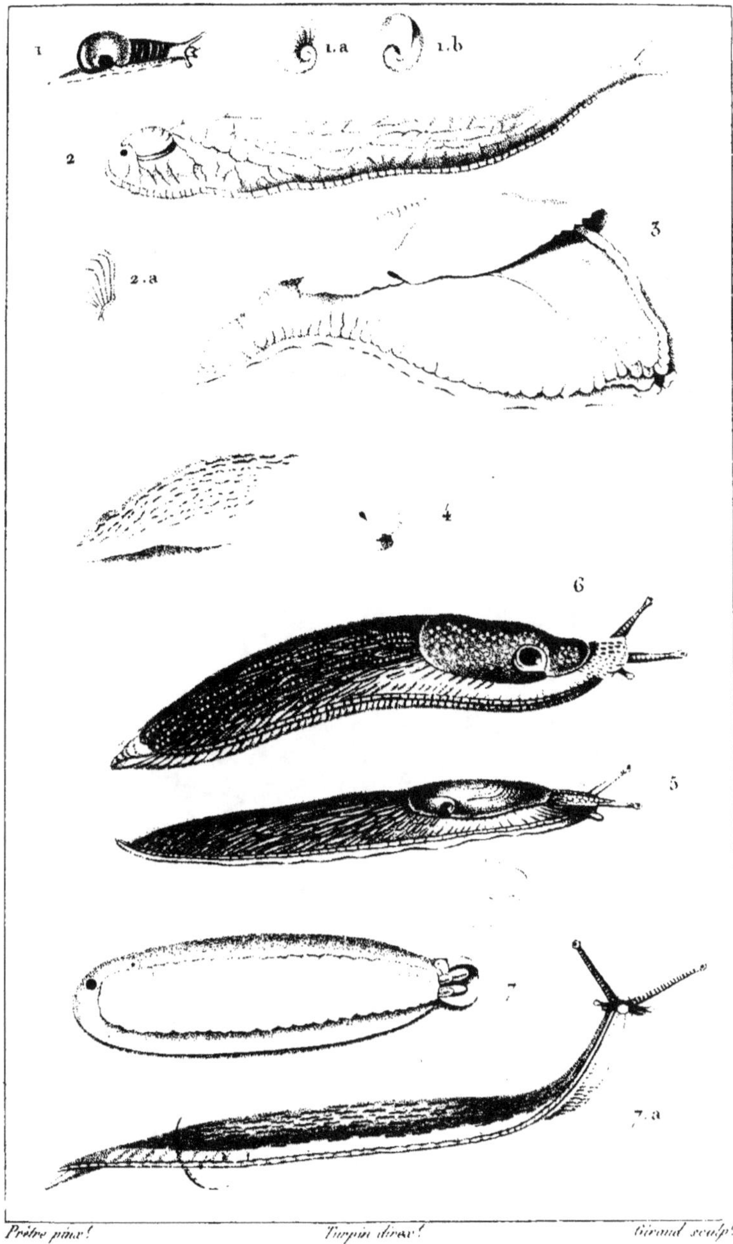

XLI

1·1a·1b. VITRINE transparente.
2·2a. TESTACELLE Ormier.
3. PARMACELLE d'Olivier.
4. LIMACELLE d'Elfort.
5. LIMACE grise.
6. LIMACE rouge.
7. ONCHIDIE (Veronicelle) lisse.
—a. La même (Vaginule de Taunay)

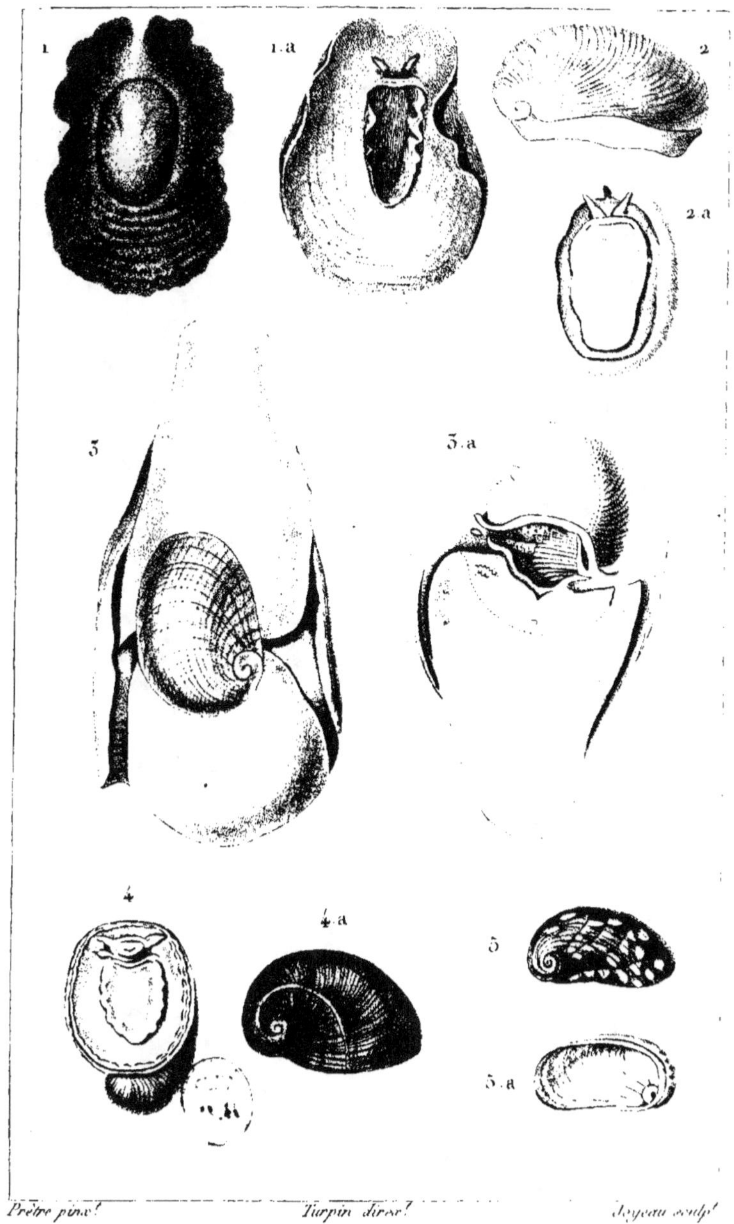

Prêtre pinx.   Turpin direx.   Joyeau sculp.

1.1.a. CORIOCELLE noire.   3.3.a. CRYPTOSTOME de Leach.
2.2.a. SIGARET convexe.   4.4.a. VELUTINE capuloïde.
3.3.a. STOMATELLE auricule.

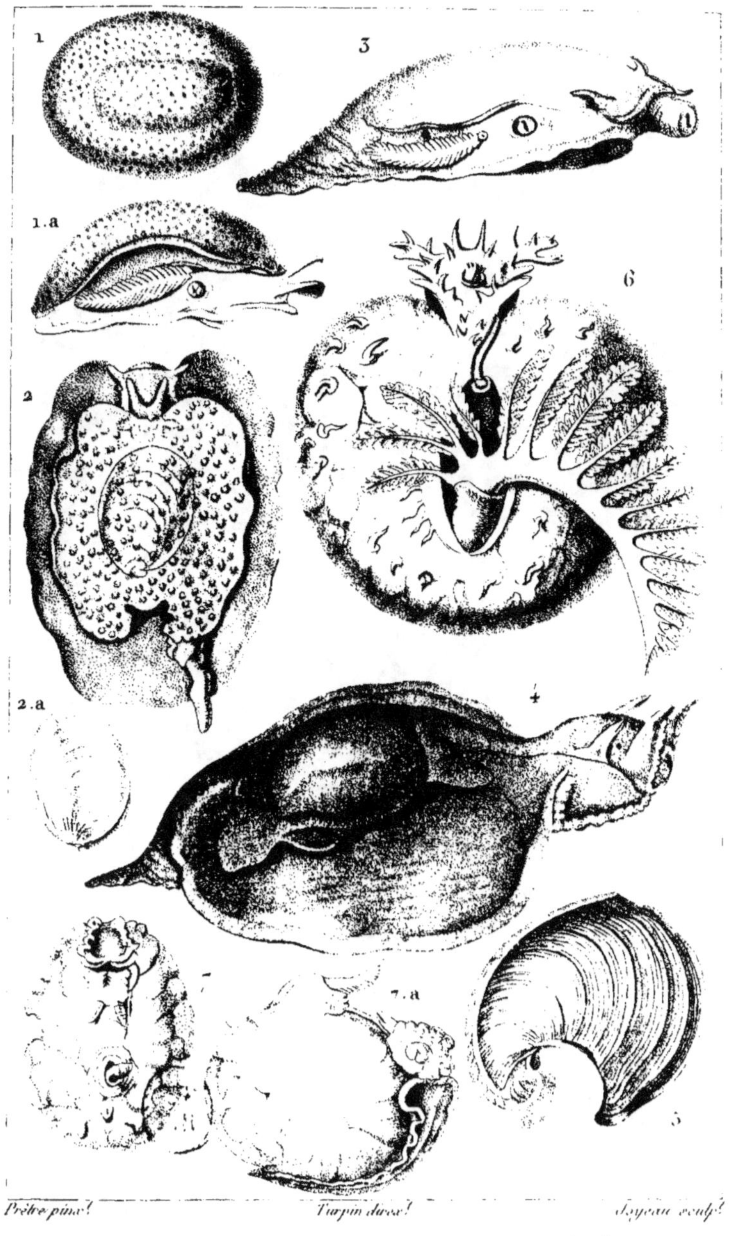

XLIII

1.1.a. BERTHELLE poreuse. 4. APLYSIE dépilante.
2. PLEUROBRANCHE Lesueur. 5. Coquille de la Dolabelle de Rumph.
3. PLEUROBRANCHIDIE Meckel 6. BURSATELLE Leach.
2, a. La coquille du P.ne Lesueur. -.-.a. NOTARCHE Cuvier.

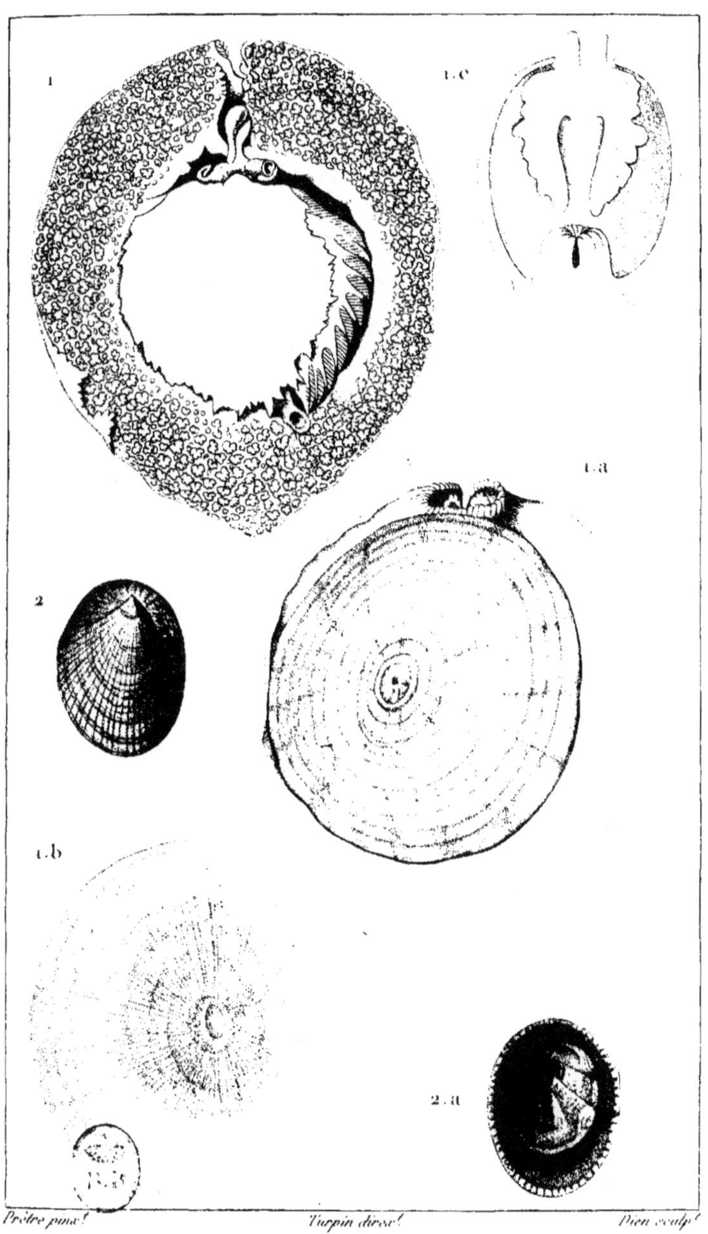

1. OMBRELLE chinoise vue en dessus 1.a. La même vue en dessous et la coquille en dehors, telle qu'elle étoit sur l'individu observé. 1.b. Coquille de la même vue en dedans 1.c. Avant bouche de l'Ombrelle chinoise. 2. SIPHONAIRE de Lesson en dehors. 2.a. Id. en dedans.

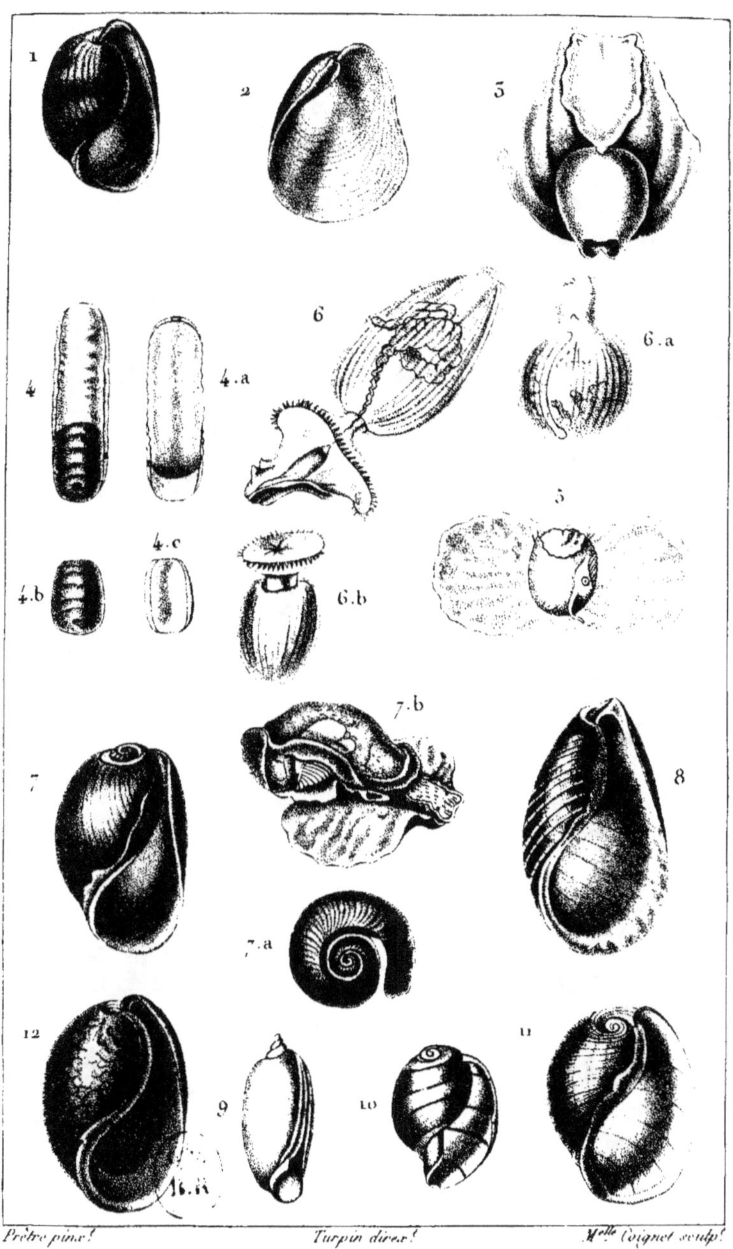

1. BULLE hydalide.
2. BULLÉE Plancienne.
3. LOBAIRE charnu.
4. SORMET d'Adanson.
5. GASTÉROPTÈRE de Meckel.
6. ATLAS de Péron.
7. BULLE fragile. 7.b. son animal.
8. ———— Oublie.
9. BULINE de la Jonkaire.
10. BULLE Banderolle.
11. ———— papyracée.
12. ———— Ampoulé.

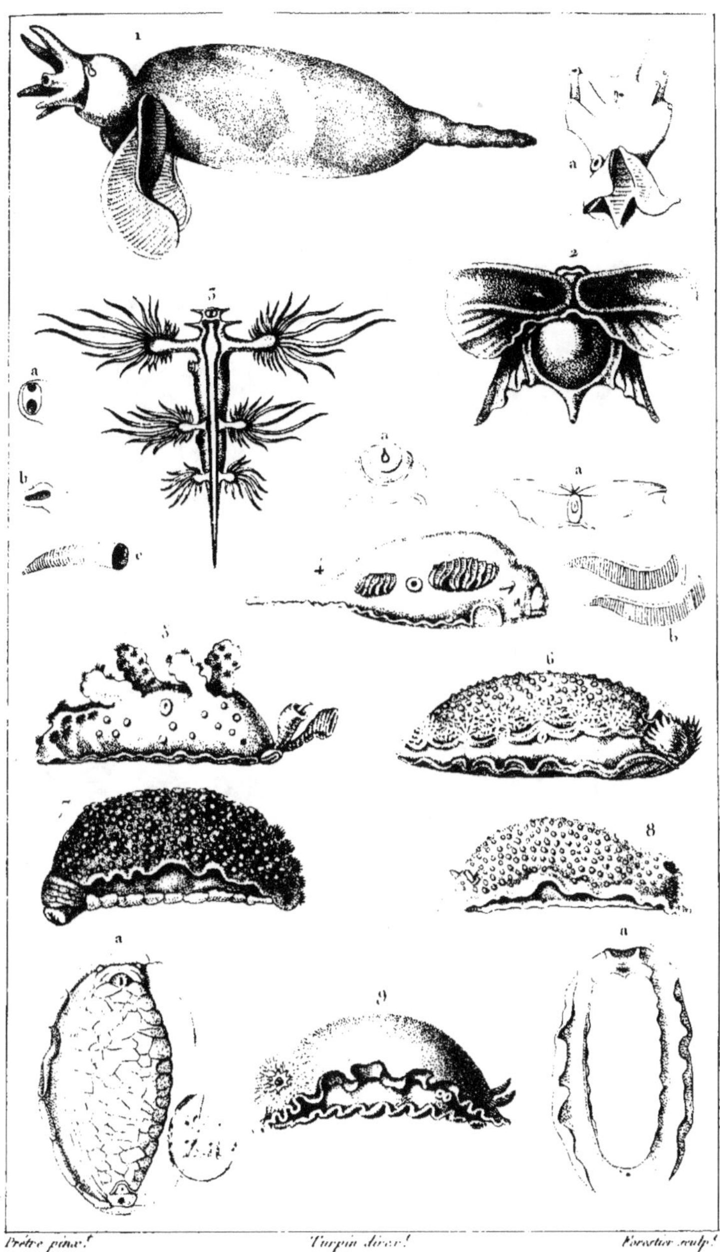

Prêtre pinx.t   Turpin direx.t   Forestier sculp.t

1. CLIO austral, *ayant ses tentacules développés. a. Sa tête vue en dessous.*
2. HYALE tridentée, *vue en dessous. a. Bord antérieur montrant la bouche.*
3. GLAUCUS atlanticus, *vu en dessous. a. Tubercule commun des organes de la génération.*
b. Anus. c. Une des lanières. 4. L'ANIOGÈRE d'Elfort, *vu à droite. a. Sa bouche. b. Lanières branchiales.*
5. SCYLLÉE pélagique, *vue à droite.* 6. TRITONIE de homberg, *vu à droite.*
7. PÉRONIE de l'Ile de France. 8. ONCHIDORE de leach, *a. Vu en dessous.*
9. DORIS argo.

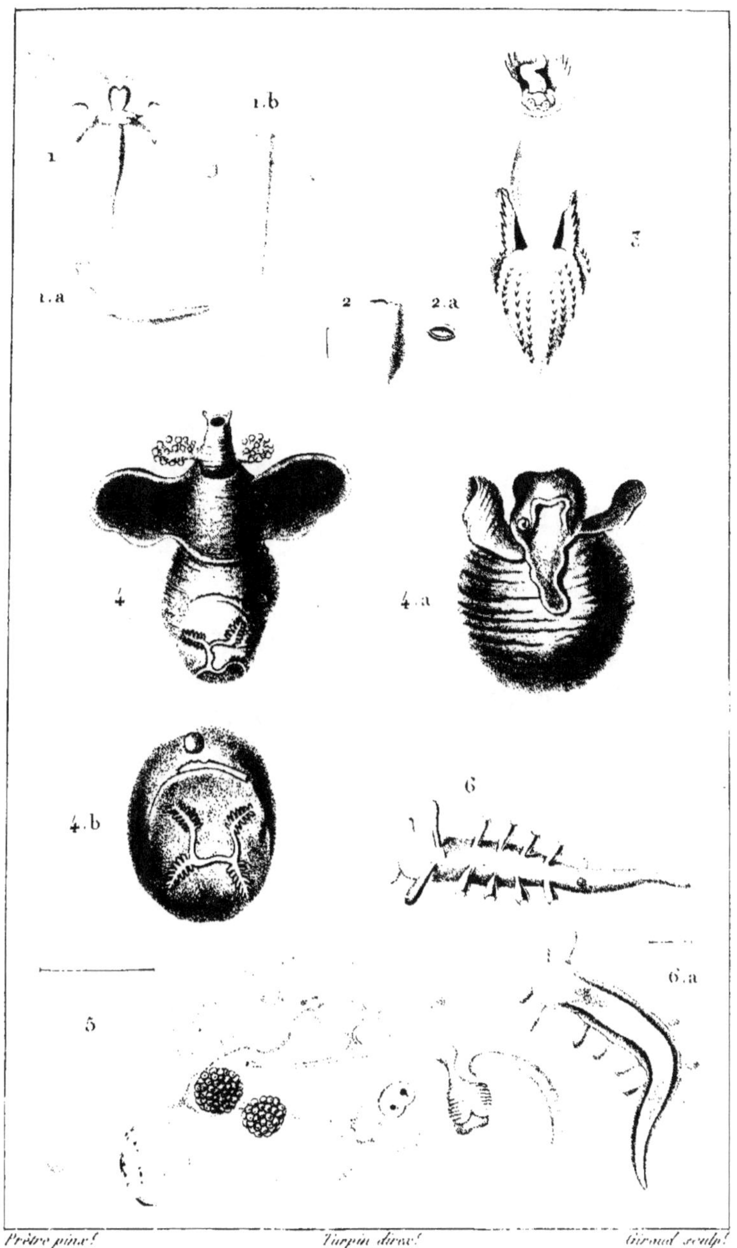

1. CLÉODORE de Browne. 1.a 1.b. sa coq.lle   4. PNEUMODERME de Péron. en dessus.

2. VAGINELLE de Bordeaux.   4.a. En dessous, la tête rentrée. 4.b. En arrière.

2.a. La même du côté de l'ouverture.   5. PHYLLIROE bucéphale.

3. CYMBULIE de Péron.   6. TERGIPÈDE lacinulé en dessus. 6.a. en dess.t

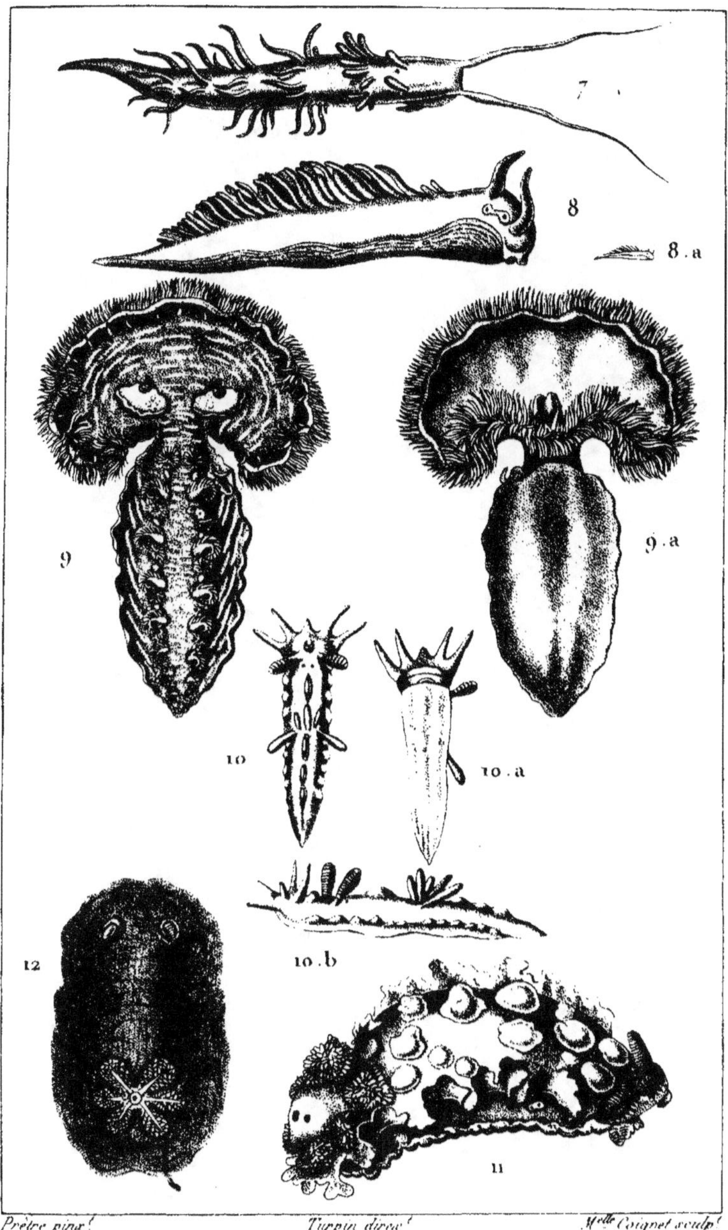

7. **CAVOLINE** pélerine.
8. **EOLIDE** de Cuvier. *8.a gr. nat.*
9. **TETHYS** léporine *desc. 9.a desc.*
10. **DORIS** cornue *desc. 10.a desc. 10.b prof.*
11. ________ laciniée.
12. ________ semelle.

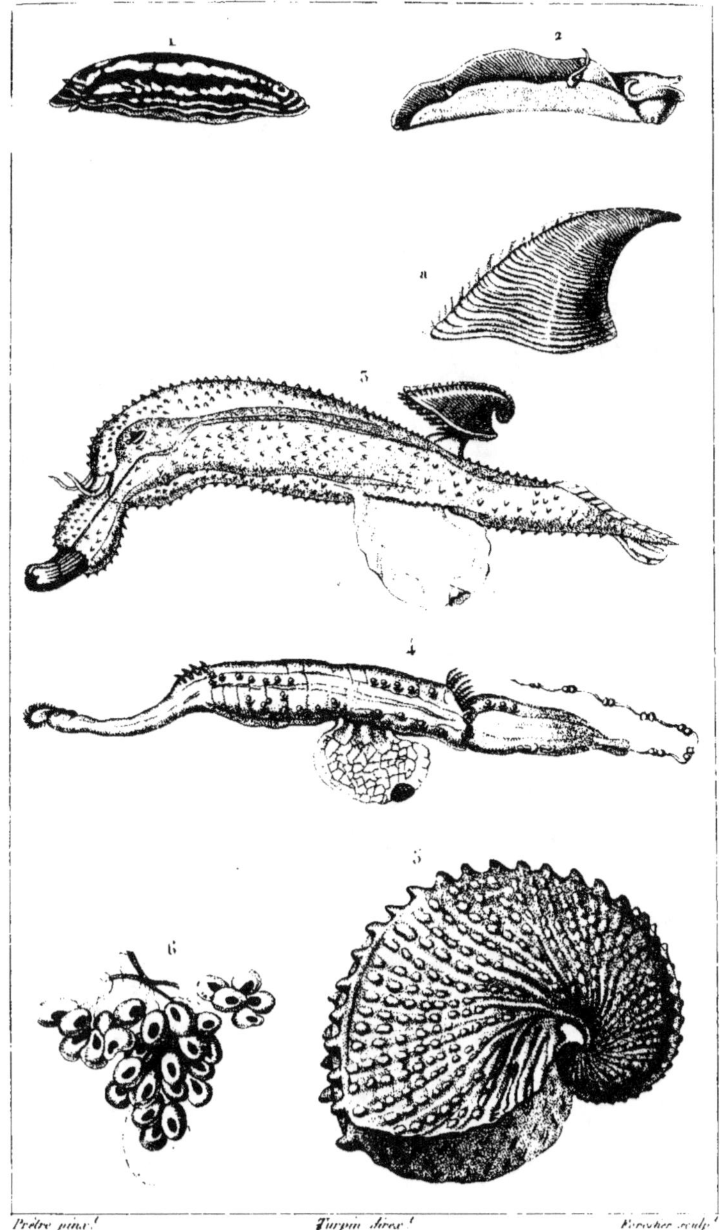

Prêtre pinx.t   Turpin direx.t   Forocher sculp.t

1. PHYLLIDIE à trois lignes.
2. LINGUELLE d'Elfort.
3. CARINAIRE de la Méditerranée, a. coquille de la Carinée.
4. FIROLE de Frédéric. Le Sueur.
5. Coquille de L'ARGONAUTE papyracé.
6. Œufs de POULPE, trouvés dans une coquille D'ARGONAUTE.

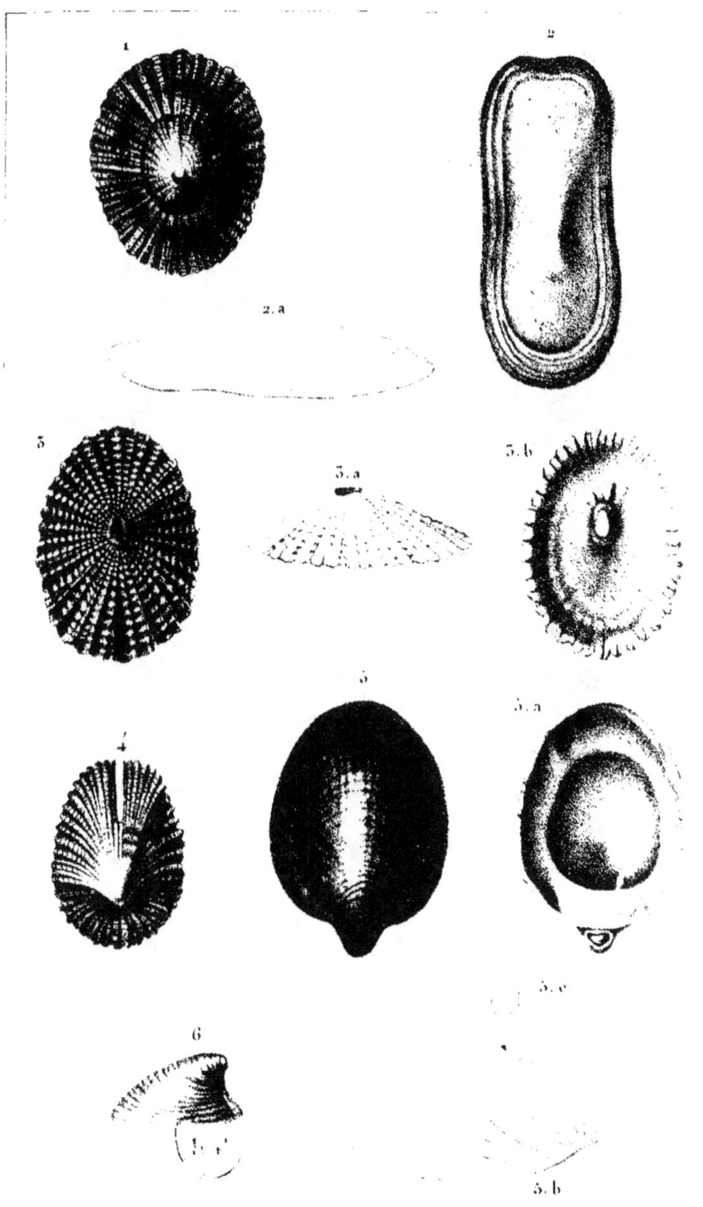

1.PATELLE vulgaire. 2.PARMAPHORE allongée, vue en dessus. 2.a.Profil. 3.FISSURELLE de Grèce. 3.a.Id. vue de profil. 3.b. Id. vue en dedans. 4.EMARGINULE conique. 5.SEPTAIRE de l'île de Bourbon. 5.a.Id. vue en dedans 5.b.Id. vue de profil 5.c.Opercule. 6.ANCILLE fluviatile.

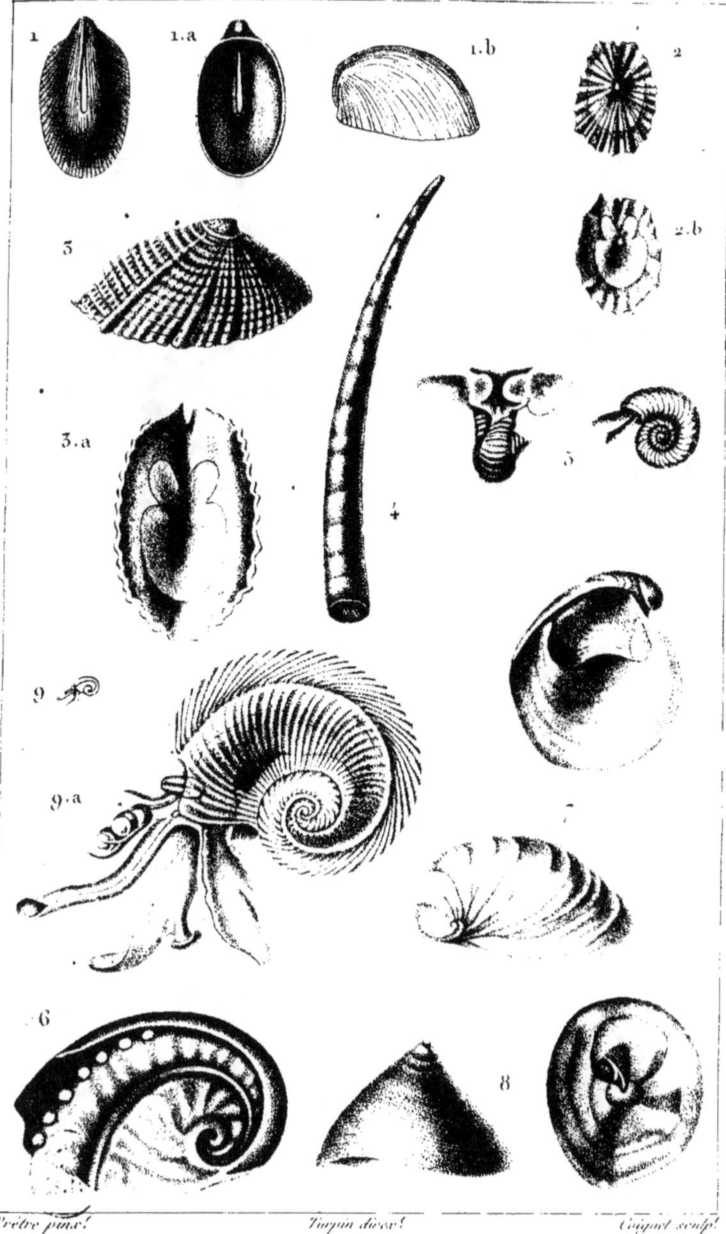

Prêtre pinx.t   Turpin direx.t   Coiquet sculp.t

1.1.a.1.b. **RIMULE** de Blainville.   5. **SPIRATELLE** limacine.
2.2.b.**EMARGINULE** déprimée.   6. **HALIOTIDE** canaliculée.
3.3.a. ——————— échancrée.   7. **CRÉPIDULE** subspirée.
4. **DENTALE** lisse.   8. **CALYPTRÉE** Éteignoir.
9. **ATLANTE** de Péron.

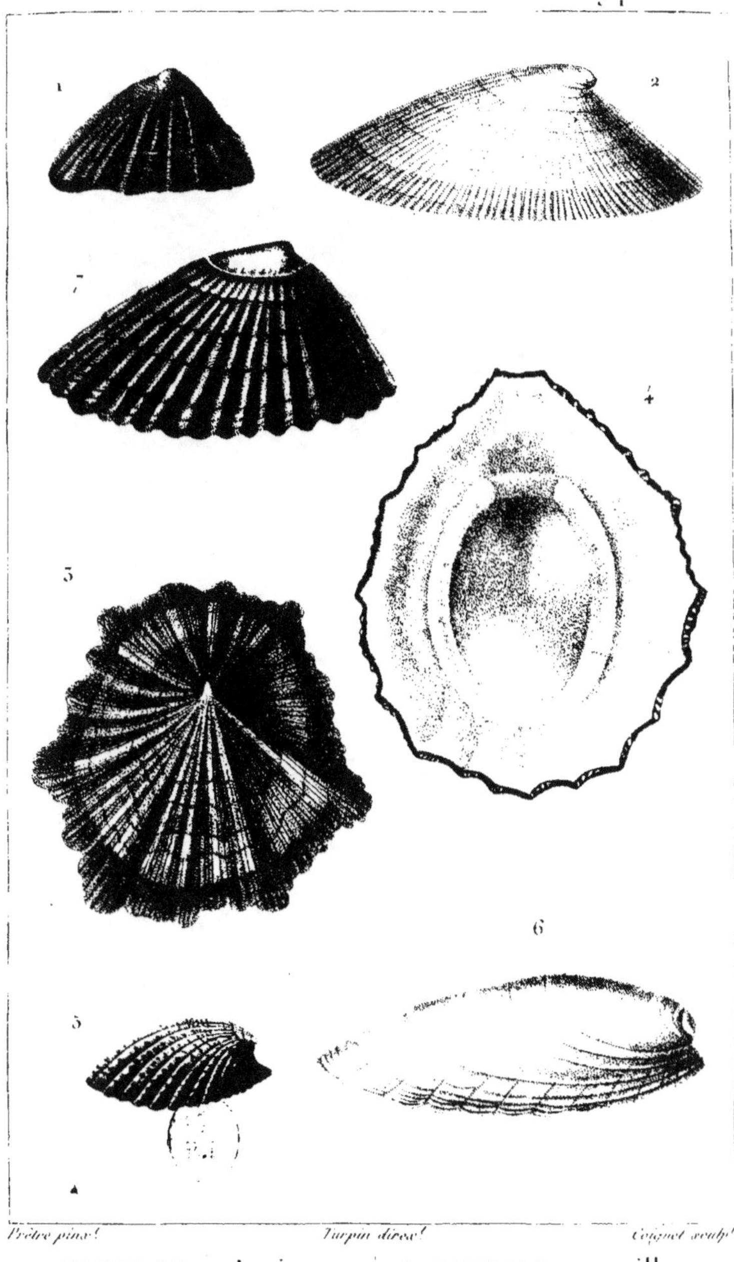

Prètre pinx.   Turpin direx.   Coignet sculp.

1. PATELLE vulgaire.   4. PATELLE en cuiller.
2. ________ en bateau.   5. ________ pectinée.
3. ________ scutellaire.   6. ________ cymbulaire.
7. PATELLE rouge dorée.

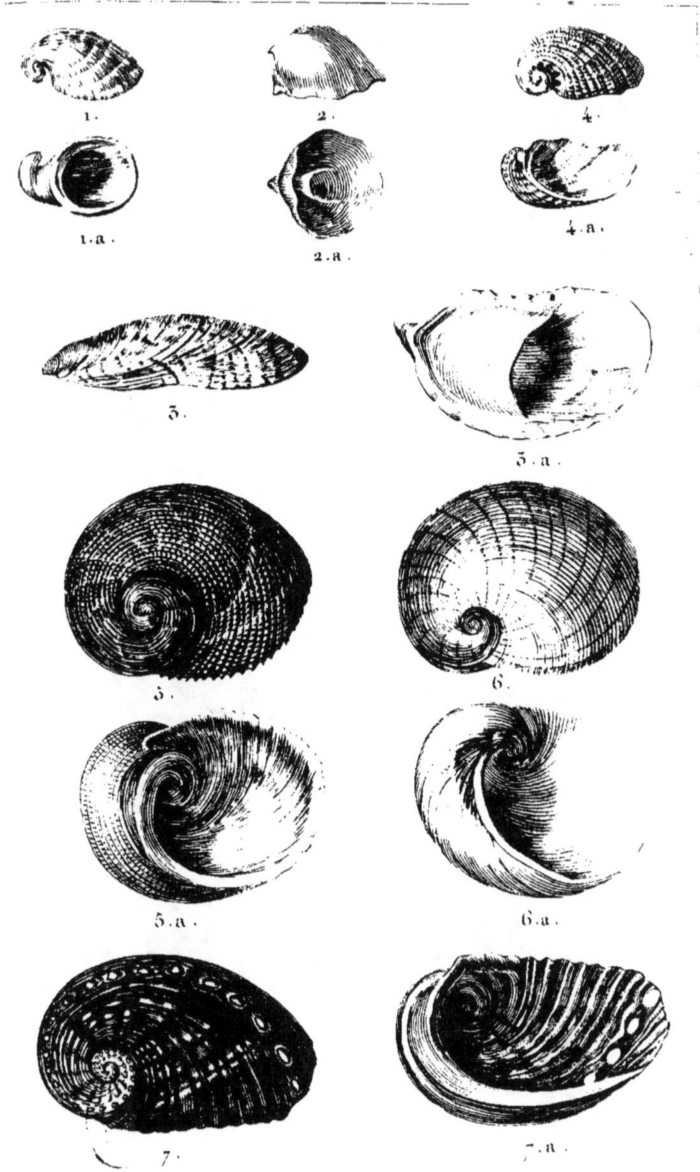

Pretre pinx.t   Turpin direx.t   Six deniers sculp.t

1. CABOCHON tortillé. 1.a. *Id. vue du côté de la bouche.*
2. CALYPTRÉE équestre. 2.a. *Id. vue du côté de la bouche.*
3. CRÉPIDULE porcellane. 3.a. *Id. vue du côté de la bouche.*
4. STOMATE nacrée. 4.a. *Id. vue du côté de la bouche.*
5. STOMATELLE imbriquée. 5.a. *Id. vue du côté de la bouche.*
6. SIGARET concave. 6.a. *Id. vue du côté de la bouche.*
7. HALIOTIDE à côtes. 7.a. *Id. vue du côté de la bouche.*

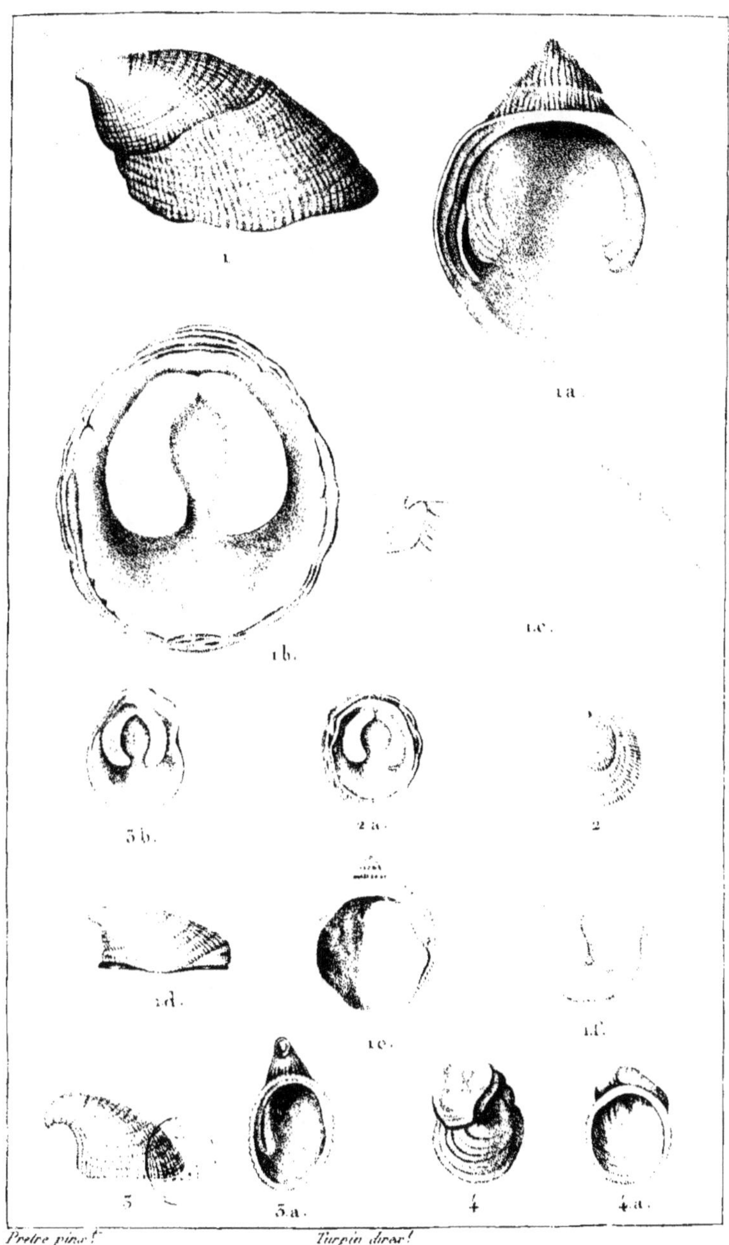

1. HIPPONICE corne-d'abondance. (Def.) 1.a. Id. vue du côté de la bouche. 1.b. Son support vu en dedans. 1.c. Id. vu de profil. 1.d. La même espèce posée sur le support où elle a été trouvée. 1.e. Id. vue en dedans. 1.f. Le support vu en dedans.

2. HIPPONICE de sowerby. (Def.) 2.a. Son support présumé vu en dedans.

3. HIPPONICE dilatée. (Def.) 3.a. Id. vue en dedans. 3.b. Son support présumé vu en dedans.

4. HIPPONICE mitrale. (Def.) Patella mitrata. (vue.) Coq. non fossile sur laquelle se trouve attaché un support.

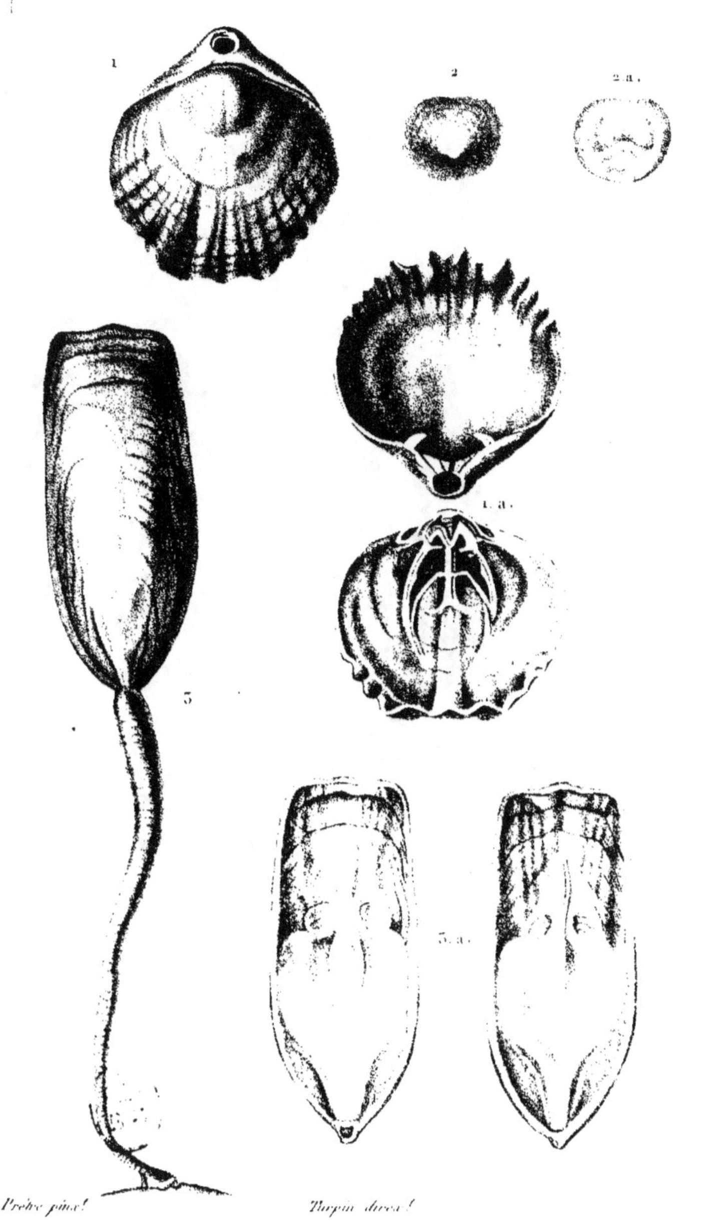

1. **TÉRÉBRATULE** dorsale. *1.a. Id. ouverte.*
2. **ORBICULE** de la Norwège. *2.a. Id. vue en dedans.*
3. **LINGULE** anatine, *portée par son pédoncule. 3.a. Id. valves ouvertes.*

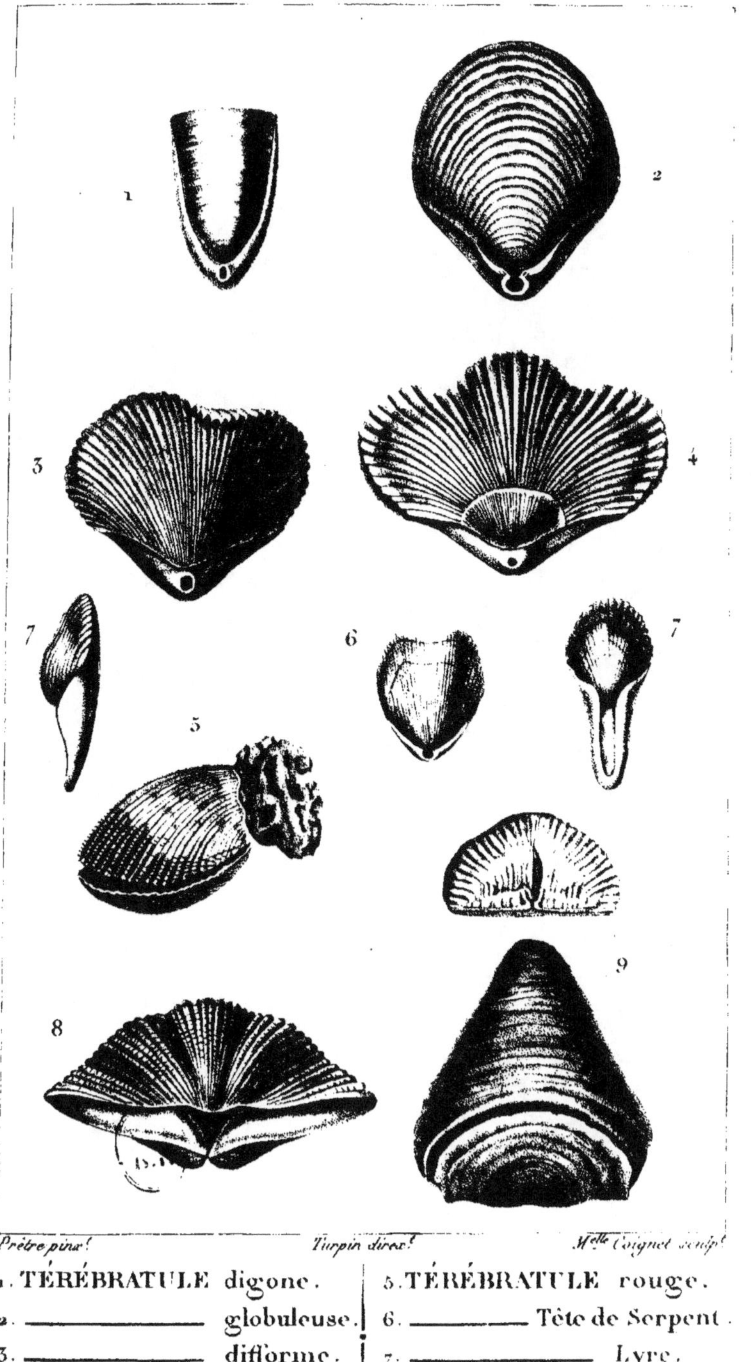

1. TÉRÉBRATULE digone.
2. ___________ globuleuse.
3. ___________ difforme.
4. ___________ ailée.
5. TÉRÉBRATULE rouge.
6. ___________ Tête de Serpent.
7. ___________ Lyre.
8. ___________ canalifère.
9. CALCÉOLE Sandaline.

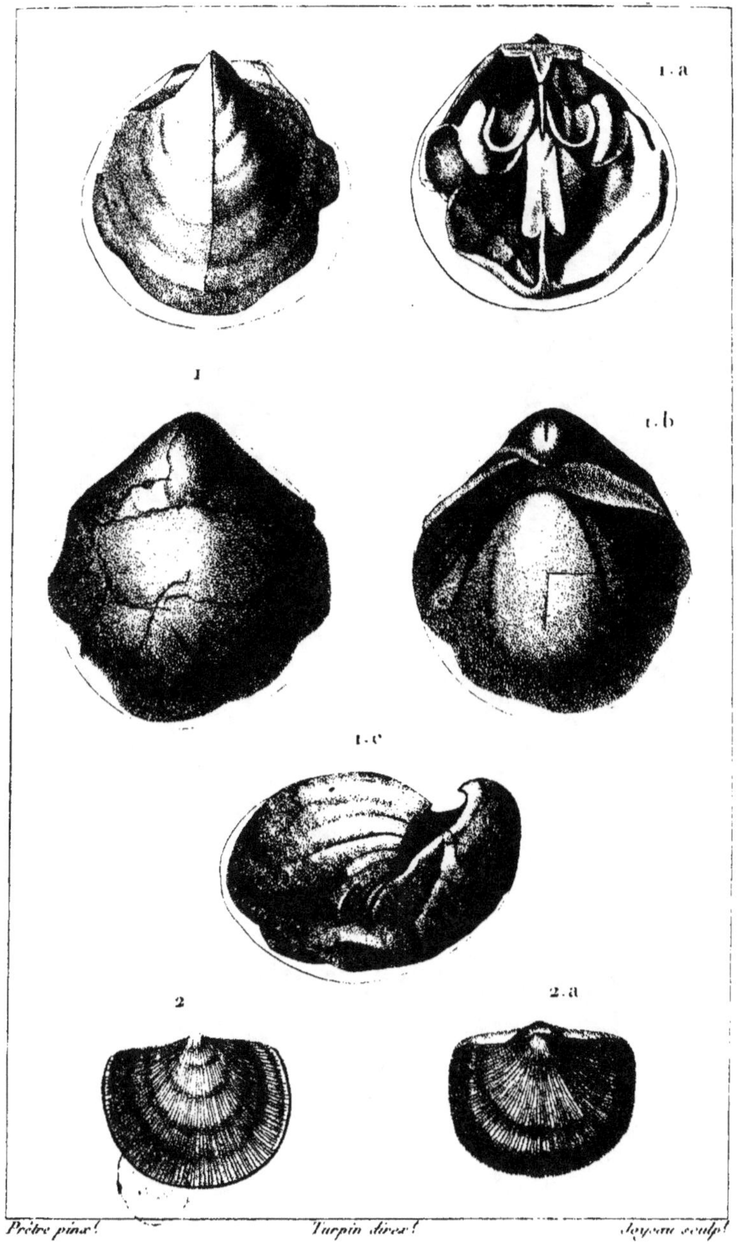

LIII

1. STRYGOCÉPHALE de Burtin. *(Def.)* Grandes valves vues en dessus.
1.a *Partie des deux valves vues en dedans.* 1.b *Id. vue du côté du crochet.* 1.c *Id. vue de côté.*
2. STROPHOMÈNES rugosa. *(Rafin.)* vue en dessous. 2.a *Id. vue en dessus.*

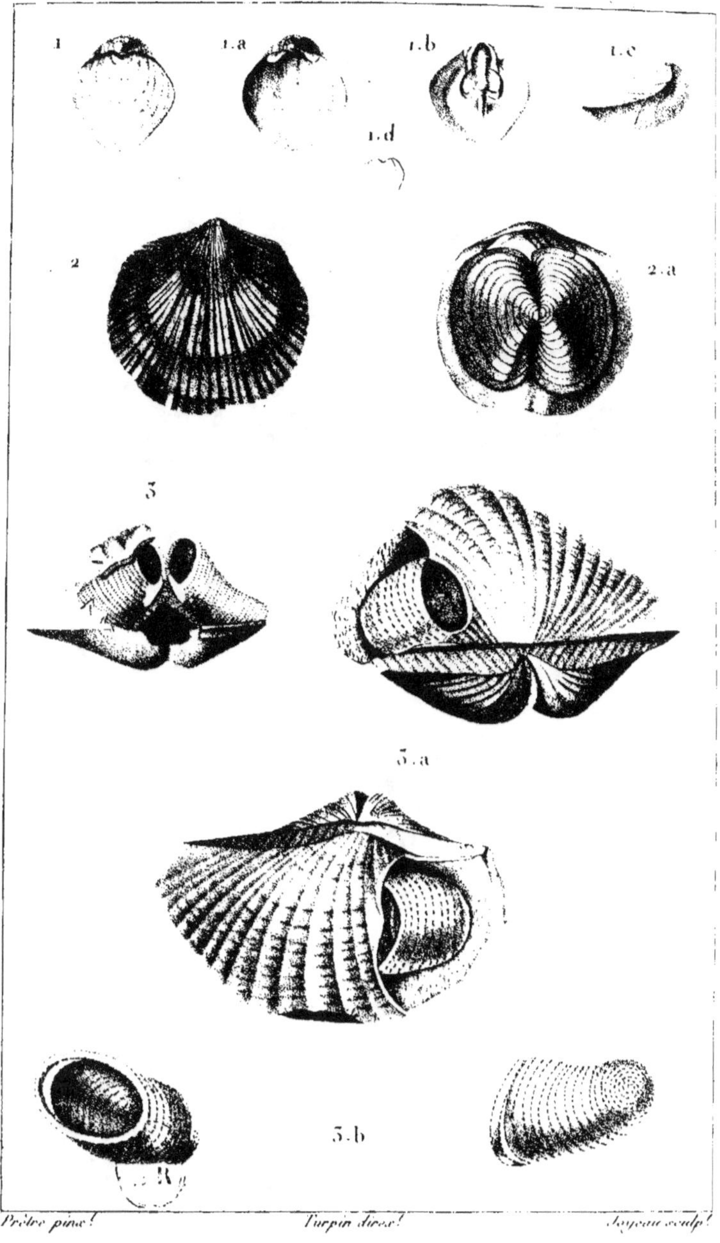

LIV

Prêtre pinx.   Turpin direx.   Joyeau sculp.

1. **MAGAS pumilus**. *(Sow.)* 1.a *Id. grande valve vue en dedans.* 1.b. *Petite valve vue en dedans.* 1.c. *Id. vue de côté.* 1.d. *Id. grandeur naturelle.*

2. **SPIRIFER de Sowerby**. *(Def.)* *vu en dessus.* 2.a. *Id. vu en dedans.*

3. **SPIRIFER trigonalis**. *(Sow.)* *vu en dedans.* 3.a. *Id. vu en dehors et partie en dedans.* 3.b. *Les deux corps cylindriques séparés.*

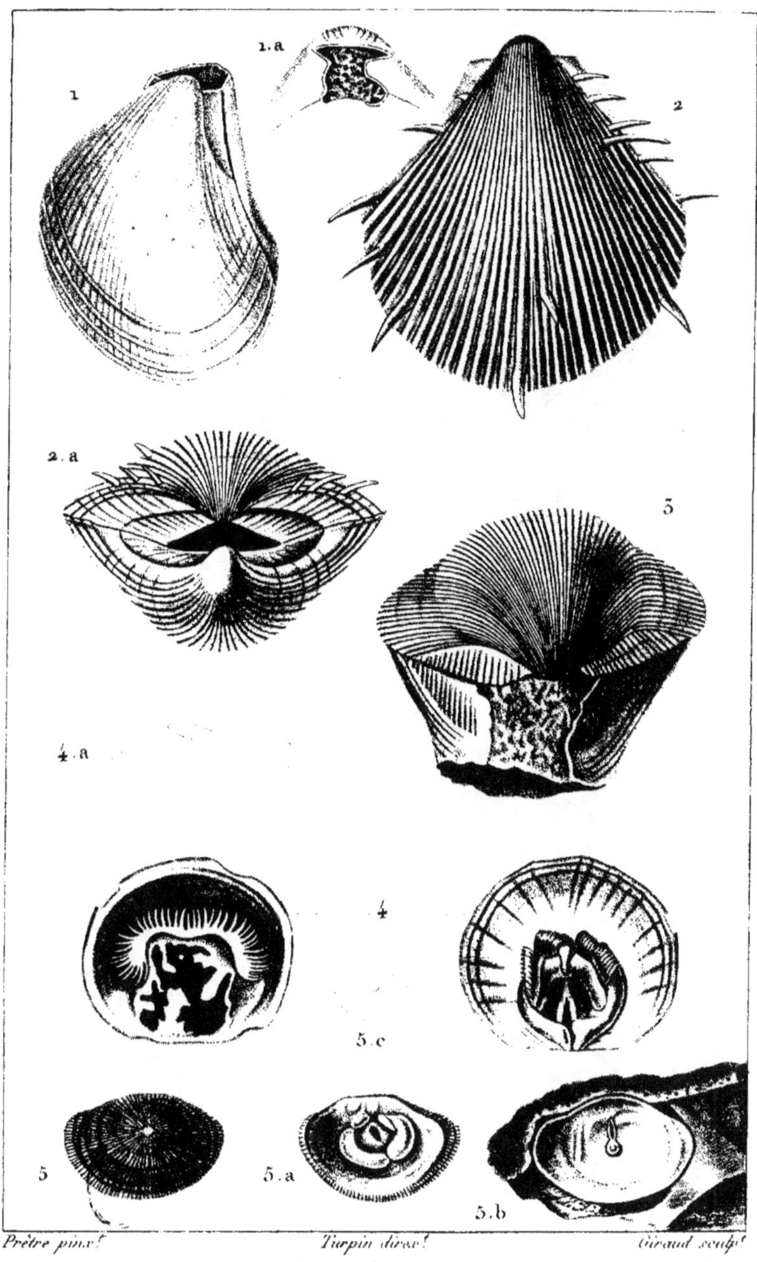

1. DIANCHORE striée.
2. PLAGIOSTOME épineux.
3. ORBICULE de Norwège.
3. PODOPSIDE tronqué.
4. ORBICULE lisse.

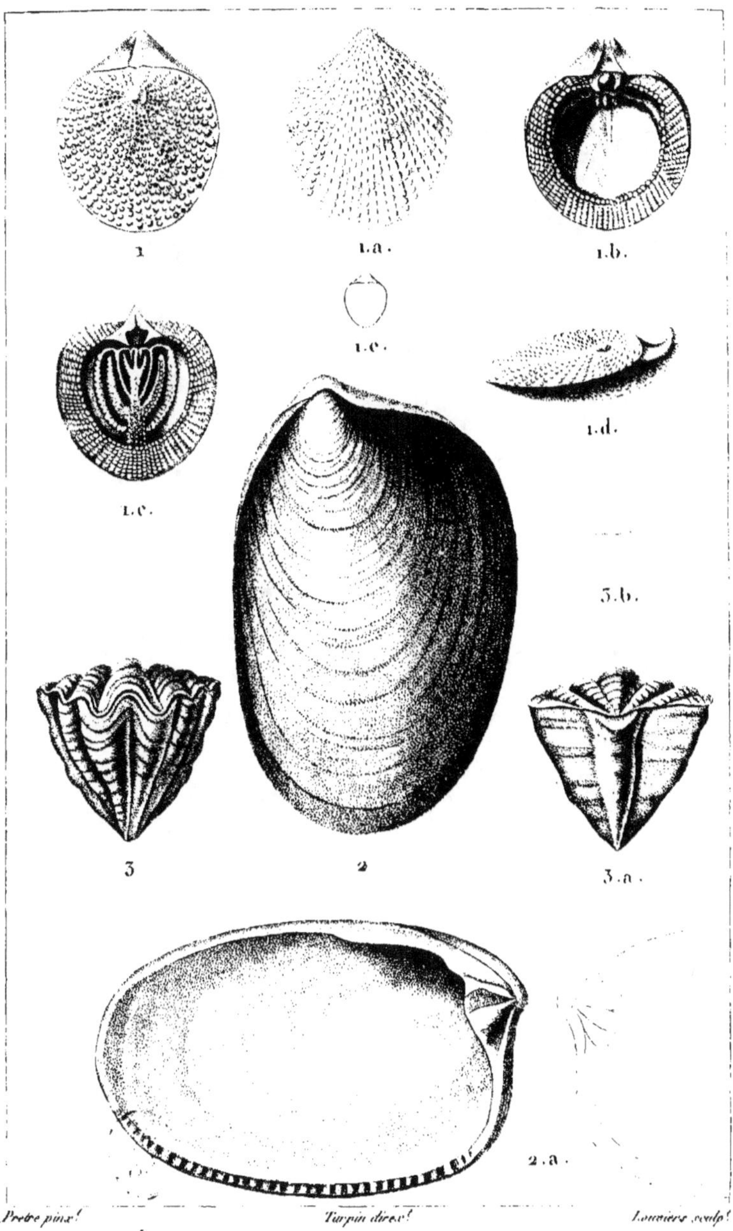

1. THÉCIDÉE rayonnante. (Def.) Vue en dessus. 1.a. Id. vue en dessous.
1.b. Valve inférieure, vue en dedans. 1.c. Valve supérieure, vue en dedans. 1.d. La
même coquille vue de profil. 1.e. Grand. nat.

2. CYPRICARDE modiolaire. (Lam.) 2.a. Id. ouverte et vue en dedans.

3. CALCÉOLE. hétéroclite. (Def.) Vue par devant. 3.a. Id. vue par derrière.
3.b. Id. de Grand. nat.

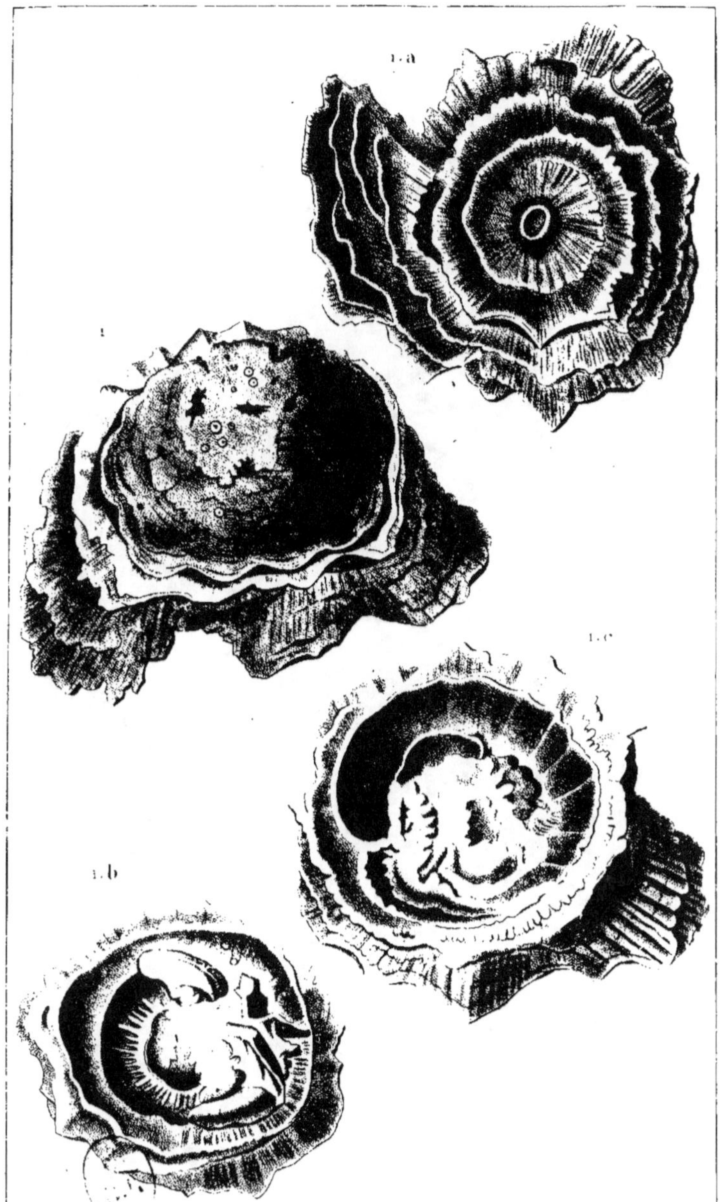

1. SPHÉRULITE foliacée. *(Lam.)*

a. Id. vue en dessous. 1.b et 1.c Id. vue intérieurement.

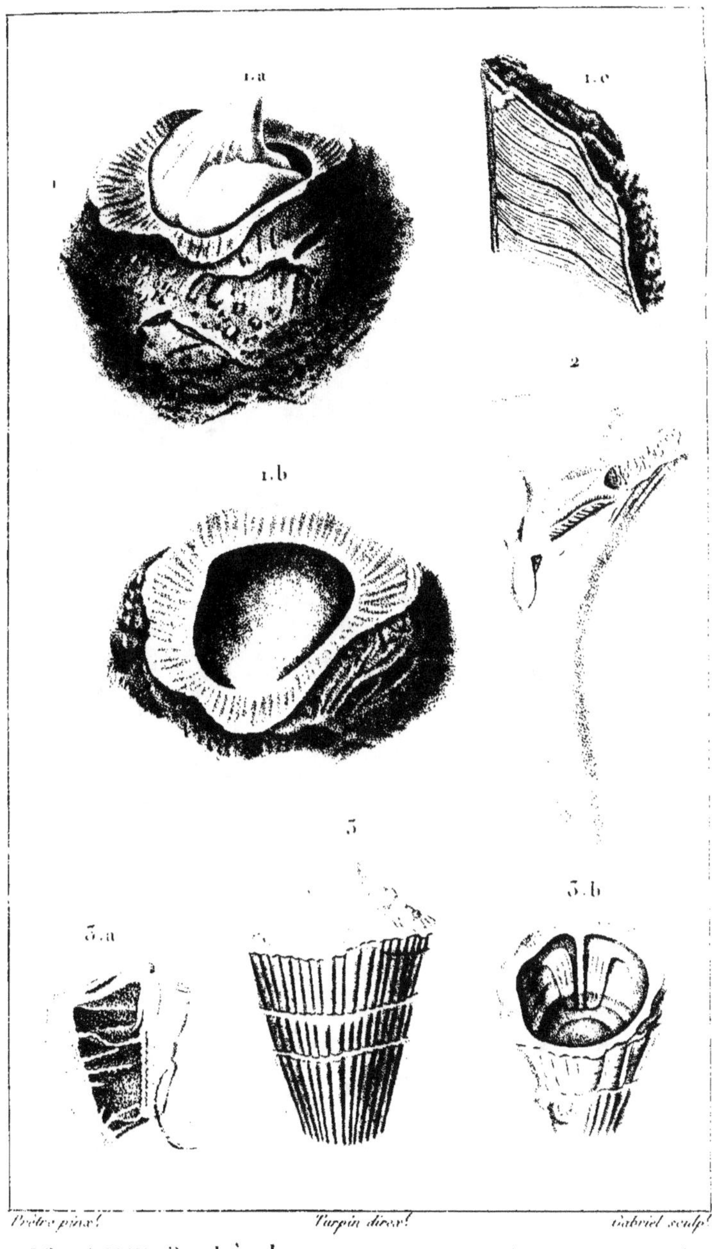

Prêtre pinx.ᵗ Turpin direx.ᵗ Gabriel sculp.ᵗ

1. JODAMIE Duchâtel. (Def.) Valve inf.ʳᵉ et adh.ᵉ depuis Birostrite (Lam.)
1.a. Id. vue d'une partie du moule int.ʳ 1.b. Vue int.ʳᵉ de la valve inf.ʳᵉ 1.c. Id. Portion du test vue int.ᵗ
2. JODAMIE bilingue. (Def.) Moule intérieur.
3. RADIOLITE turbinée. (Lam.) vue extér.ᵉⁿᵗ 3.a et 3.b. deux autres valves vues int.ᵗ

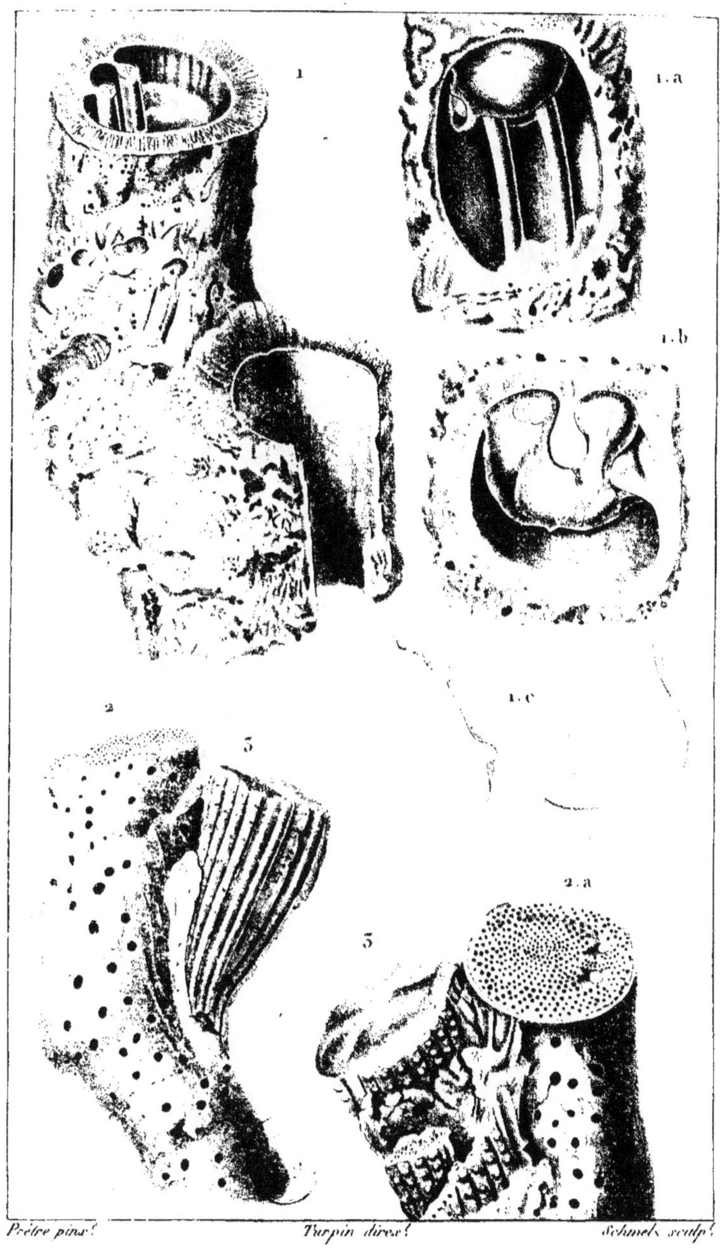

1. HIPPURITE **corne d'abondance**. *(Desf.)* vue sans opercule. 1 a Id. vue intérieurement. 1 b Id. vue avec son opercule. 1 c Id. cloisons intérieures.
2. HIPPURITE **bioculée**. *(Lam.)* vue de côté. 2 a Id. vue du côté de l'opercule.
3. HIPPURITE **sillonnée**. *(Desf.)* attachée à l'Hipp. bioculée.

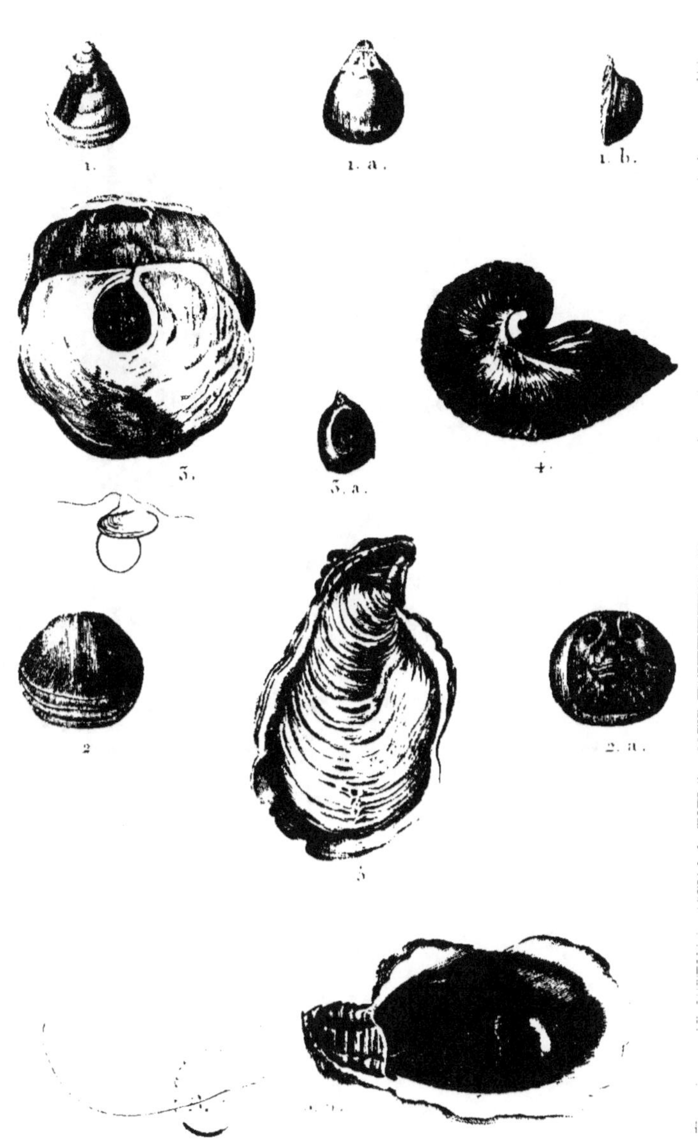

1. CRANIE antique (Défiance) 1. a Vue du côté inférieur. 1. b Vue le profil.
2. CRANIE masque. 2. a Valve vue en dedans.
3. ANOMIE pelure d'oignon. 3. a Son osselet.
4. GRYPHÉE arquée.
5. HUÎTRE nacrée. 5. a Valves ouvertes.

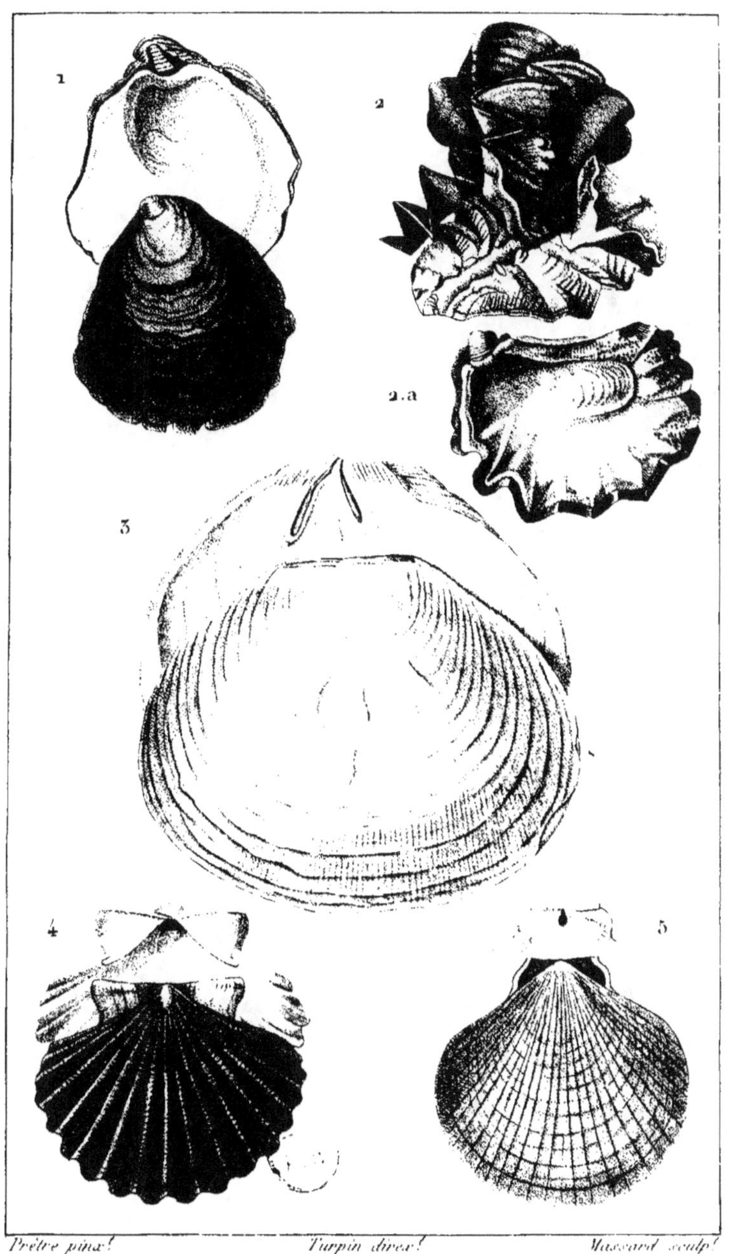

LX

Prêtre pinx.   Turpin direx.   Massard sculp.

1. HUITRE comestible. | 3. PLACUNE vitrée.
2. ———— Crête de Coq | 4. PEIGNE de St. Jacques.
3. PEIGNE Sole.

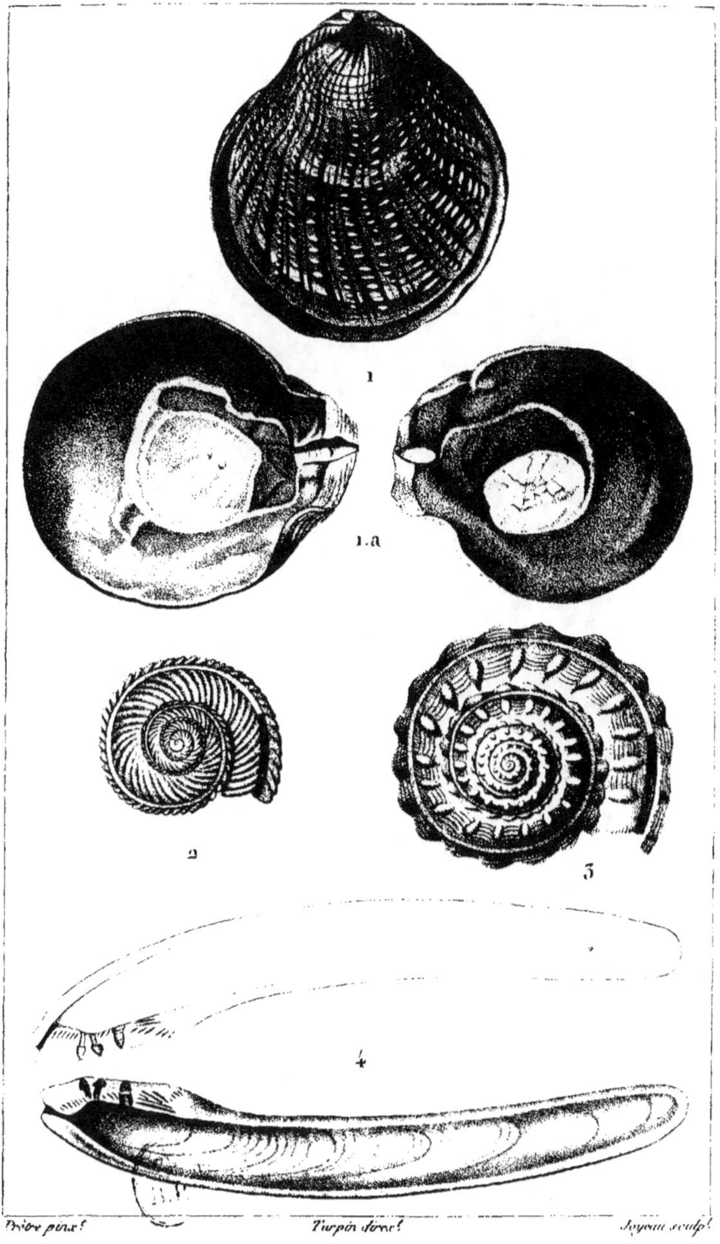

1. HINNITE de Cortesi. *(Def.)* 1.a. Id. ouverte et vue intérieurem.t

2. PLEUROTOMAIRE ornée. *(Def.)*

3. PLEUROTOMAIRE tuberculeuse. *(Def.)*

4. GERVILLIE solénoïde. *(Def.)* ouverte et vue intérieurement.

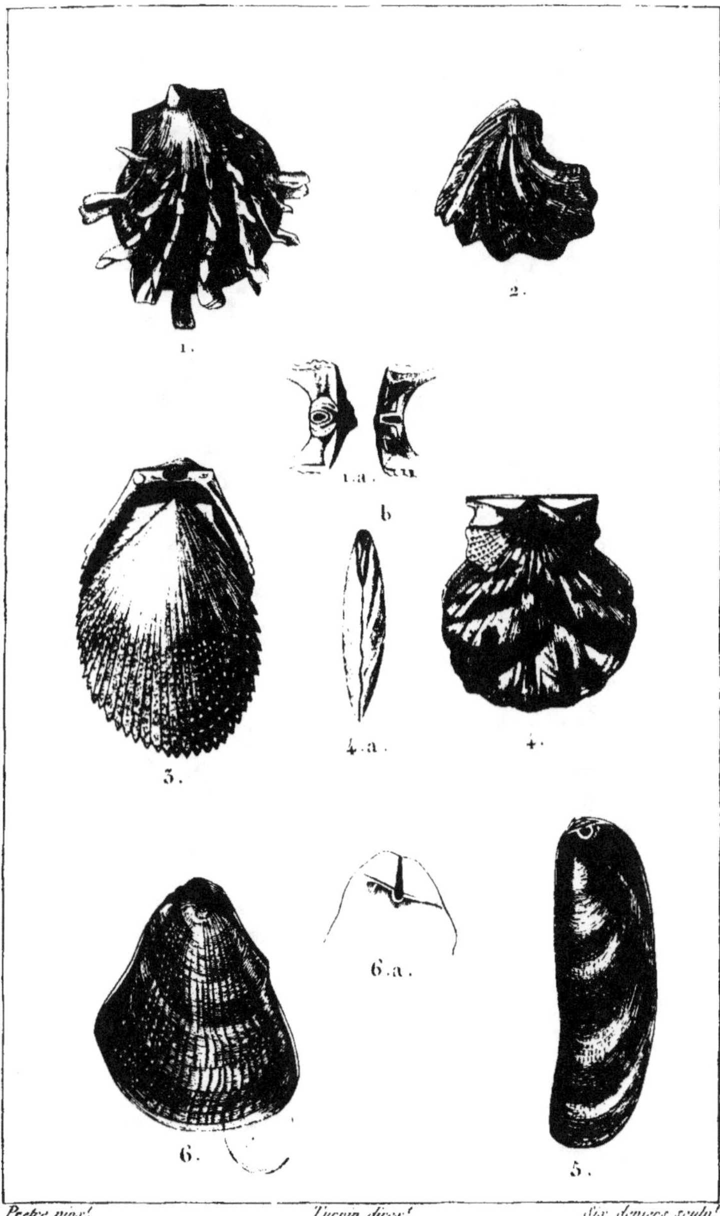

1. SPONDYLE gaiderope. 1.a. charnière des deux valves.
2. PLICATULE gibbeuse.
3. LIME commune.
4. PEIGNE glabre. 4.a. Id. vue de profil pour faire voir
en b. le passage du byssus.
5. VULSELLE lingulée.
6. HOULETTE spondyloïde. 6.a. charnière de l'une des valves.

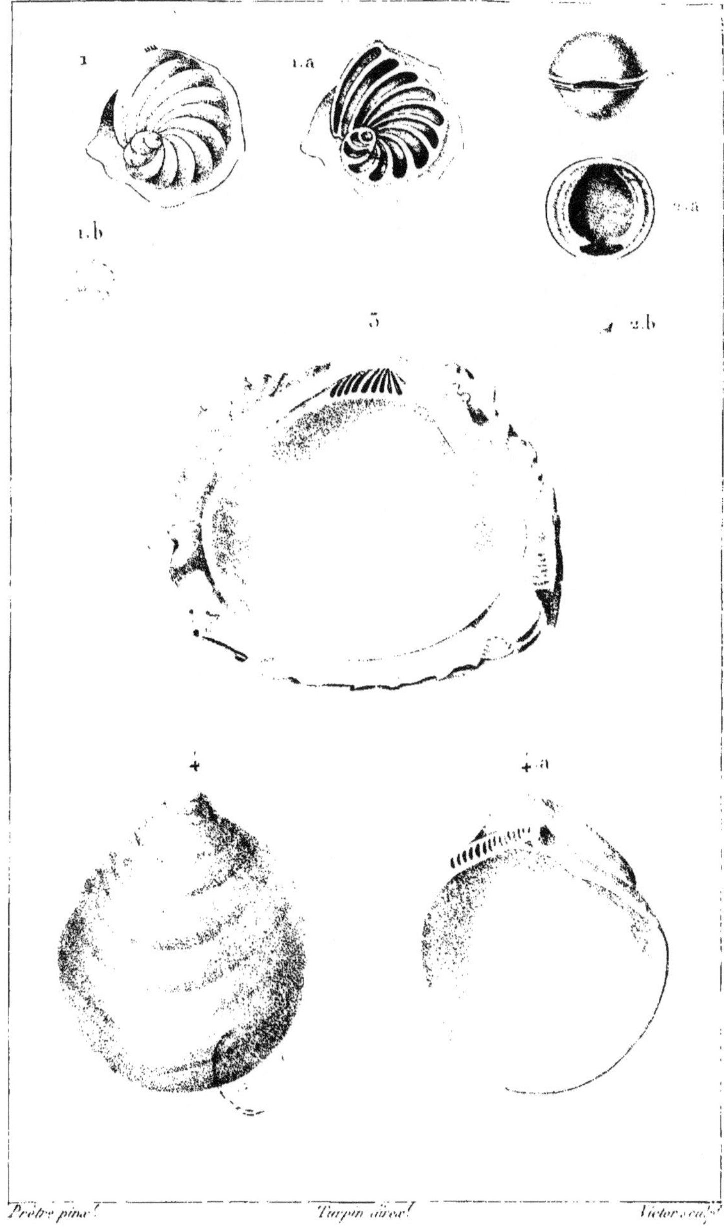

Prêtre pinx.^t Turpin direx.^t Victor sculp.^t

1. CRISTELLAIRE casque. (Lam.) grossie. 1.a. Id. coupée transv.^t 1.b. Id. G.^r nat.^{lle}
2. PYRGO lisse. (Def.) grossie. 2.a. Id. vue intérieurem.^t 2.b. Id. Grand.^r naturelle.
3. PULVINITE d'Adanson. (Def.)
4. CATILLUS Lamarckii. (Brong.) vu par dessus. 4.a. Id. vu en dedans avec sa charnière.

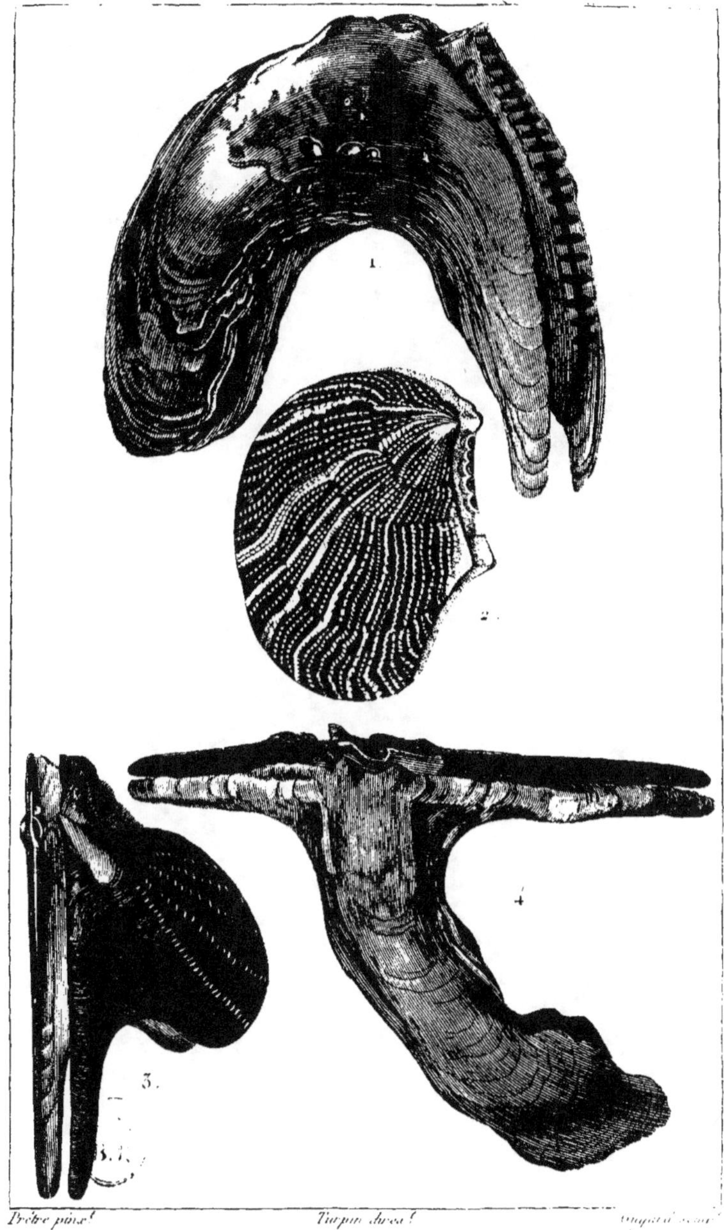

1. PERNE fémorale. var. B. ou Bigorne.
2. CRÉNATULÉ aviculaire.
3. AVICULE aronde.
4. MARTEAU commun.

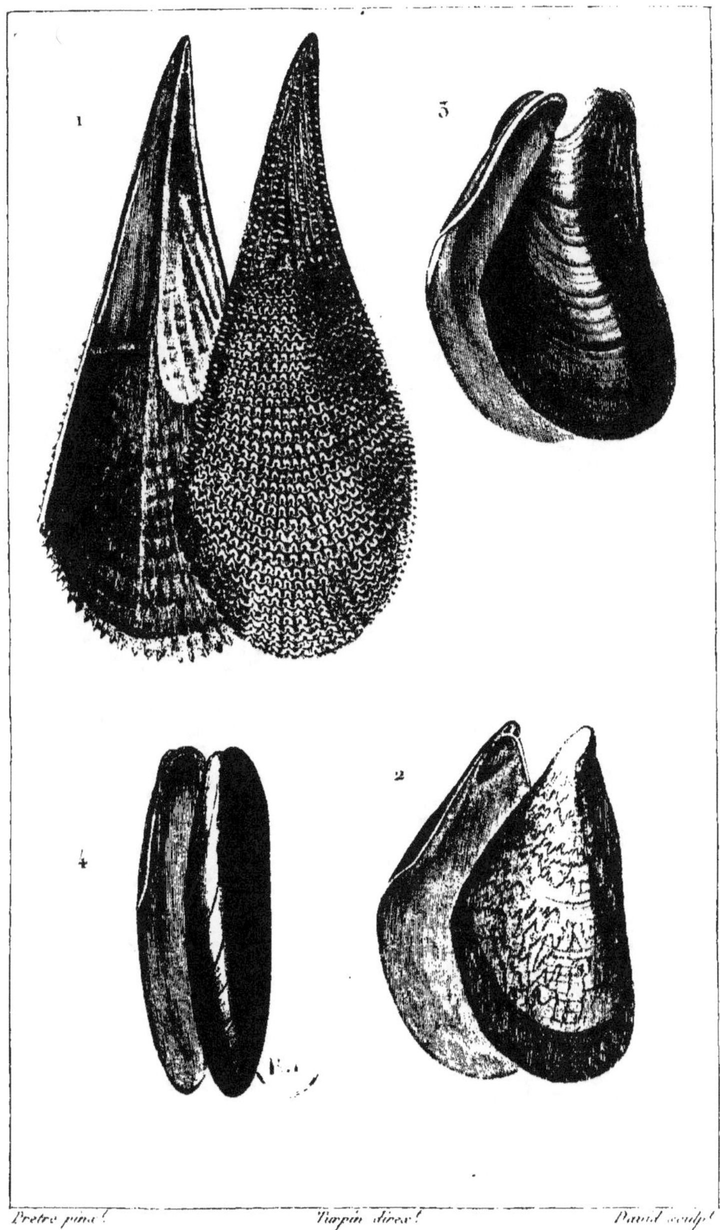

1. PINNE noble.

2. MOULE d'Afrique.

3. MODIOLE des Papous.

4. LITHODOME ordinaire.

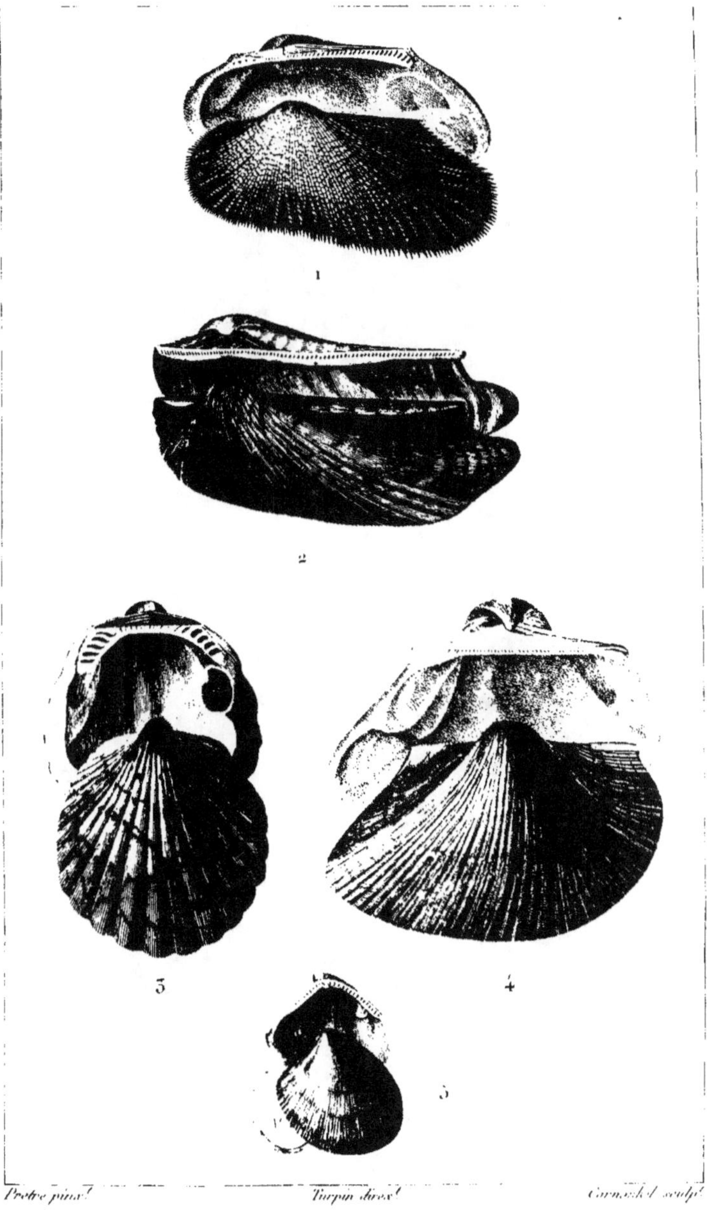

Pretre pinx.   Turpin direx.   Cornach sculp.

1. ARCHE barbue.
2. ARCHE de Noë.
3. PÉTONCLE pectiniforme.
4. CUCULLÉE auriculifère.
5. NUCULE margaritacée.

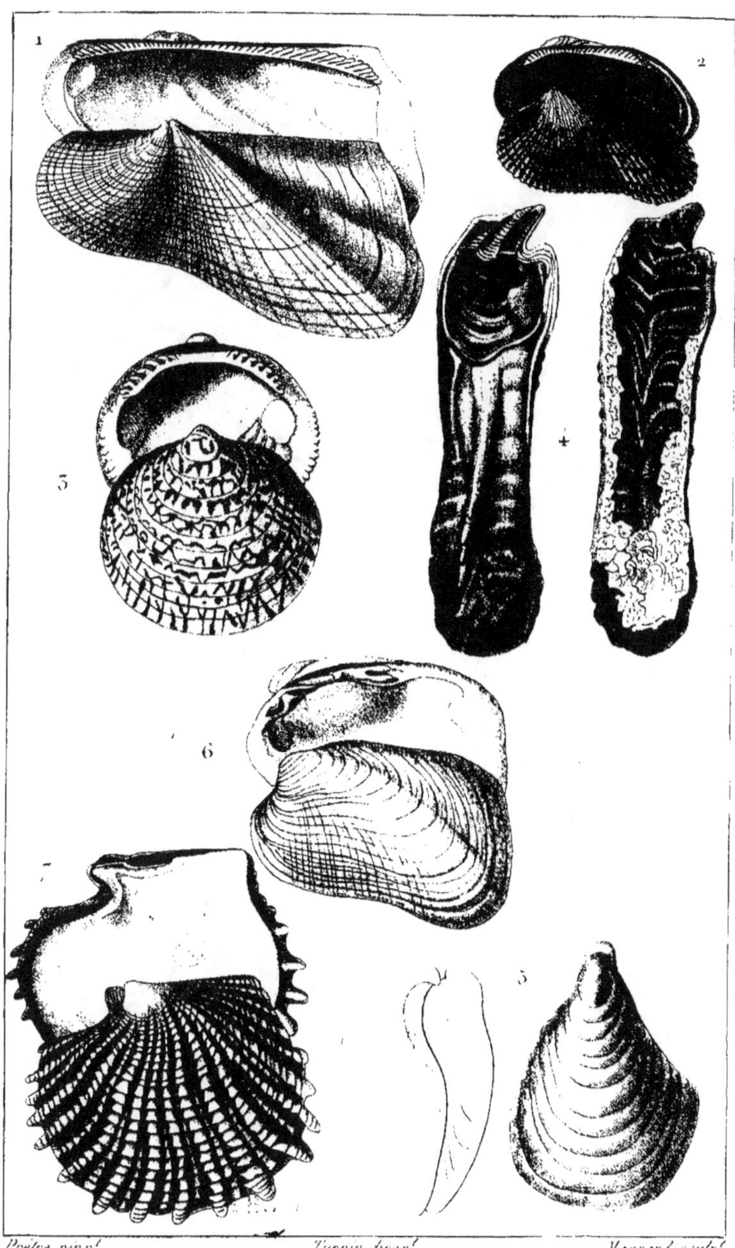

1. ARCHE bistournée.
2. ———— mytiloïde.
3. ———— velue.
4. MARTEAU vulsellé.
5. INOCÉRAME concentrique.
6. CYPRICARDE de Guinée.
7. AVICULE mère-perle.

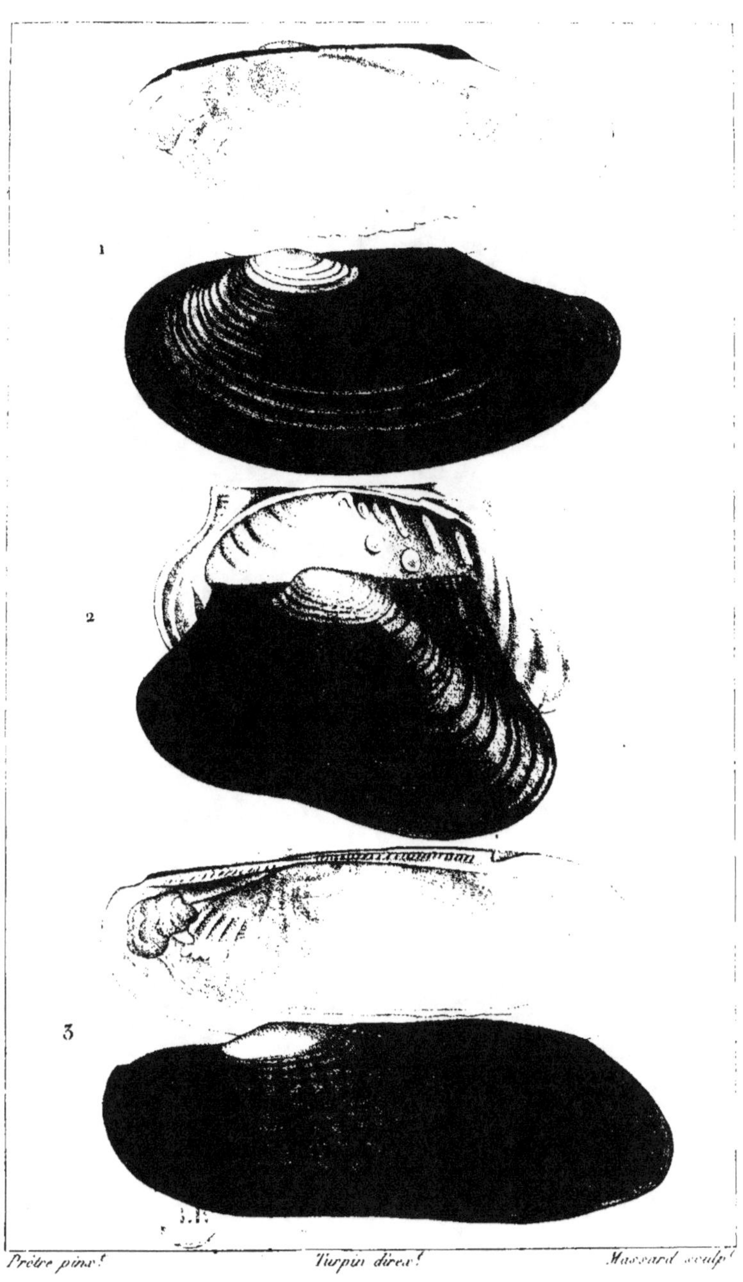

Prêtre pinx. Turpin direx. Massard sculp.

1. ANODONTE des Cygnes. 2. IRIDINE exotique.
3. ANODONTE dipsade.

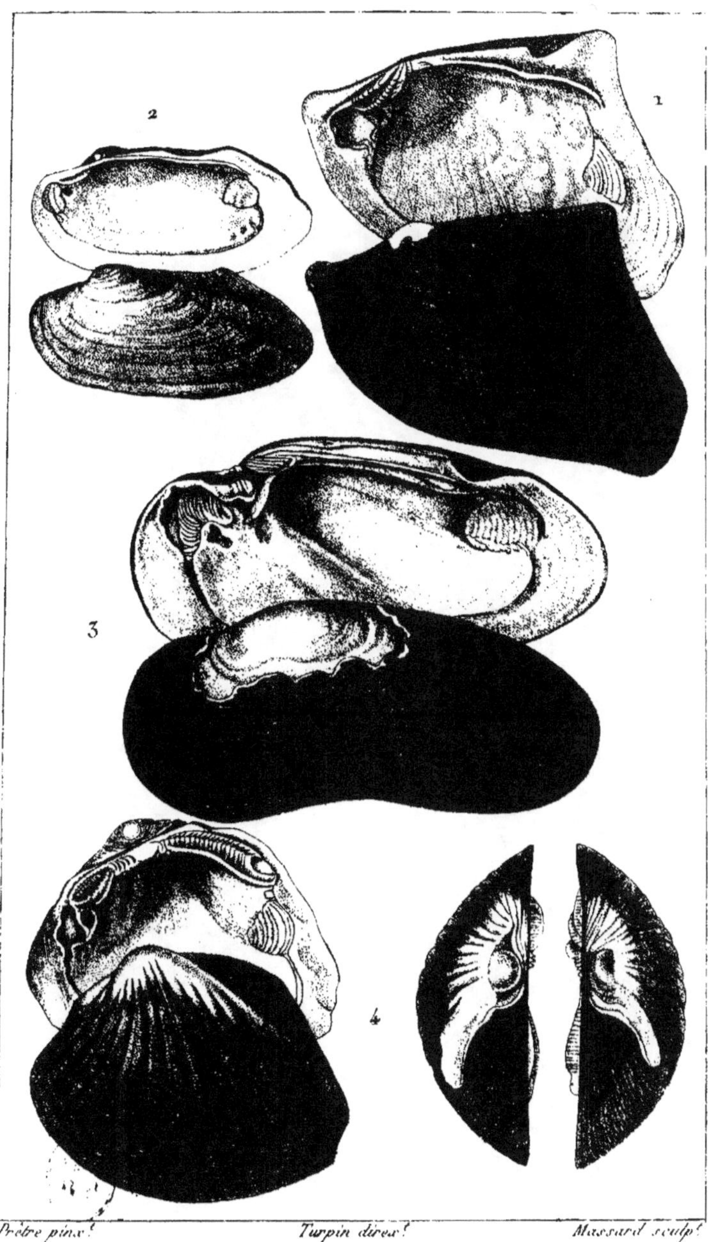

1. MOULETTE ridée.   3. MOULETTE sinuée.
2. ———————— des Peintres   4. ———————— Castalie.

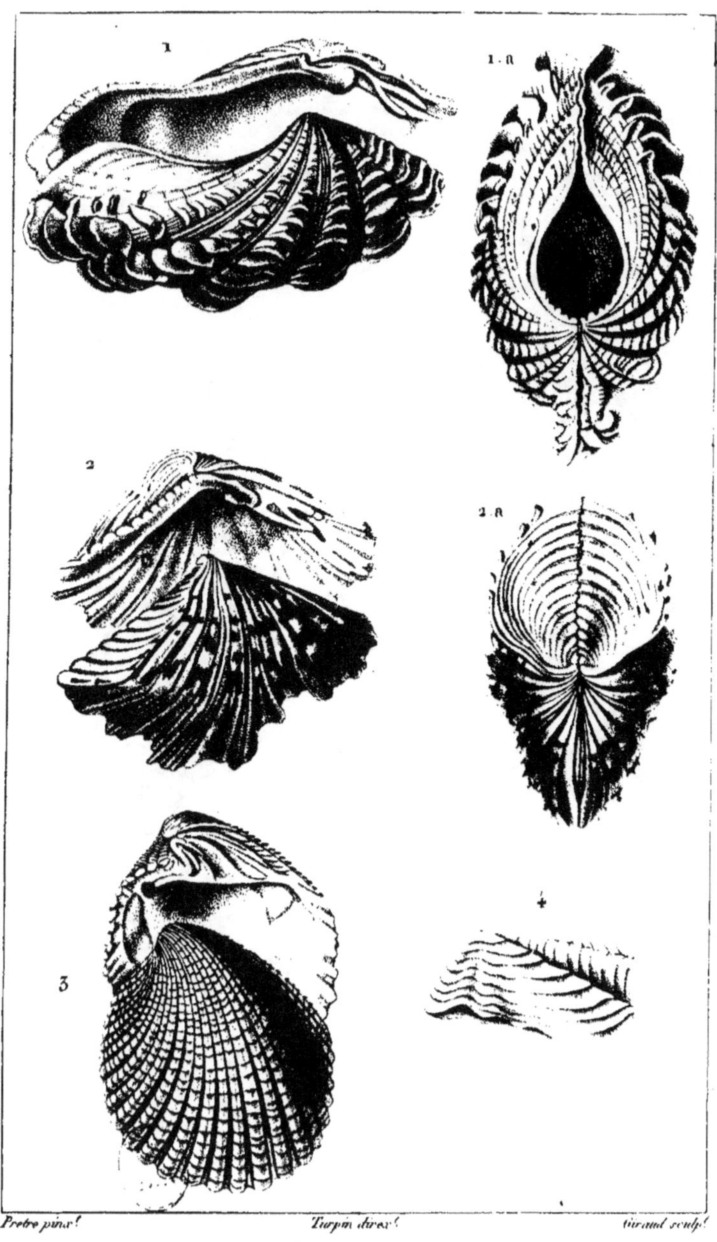

1. TRIDACNE bénitier. 1.a. *La même vue par le dos.*

2. HIPPOPE chou. 2.a. *La même vue par le dos.*

3. VÉNÉRICARDE imbriquée.

4. HIATELLE à deux fentes.

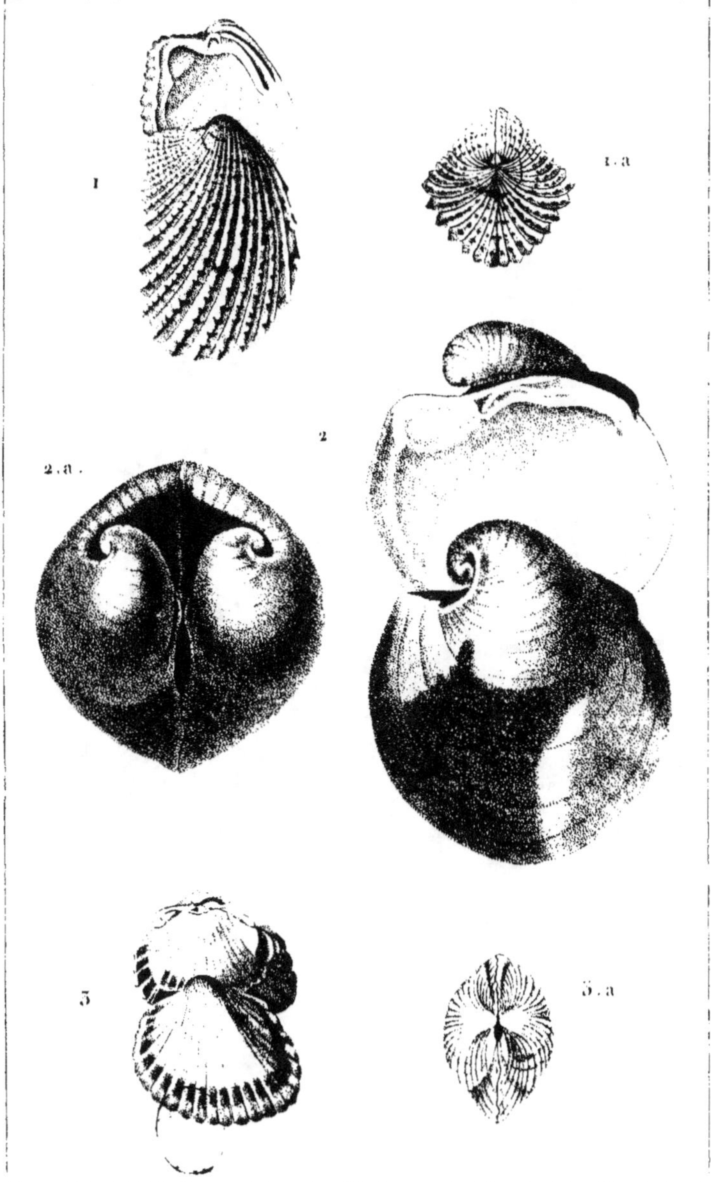

1. CARDITE tachetée. 1.a. Id. vue par le dos.
2. ISOCARDE globuleuse. 2.a. Id. vue par le dos.
3. BUCARDE édule. 3.a. Id. vue par le dos.

Prêtre pinx.t   Turpin direx.t   Six deniere sculp.t

1. TRIGONIE nacrée. 1.a. La même ouverte pour montrer la charnière.

2. CAME feuilletée.

3. CORBULE gauloise. 3.a. et 3.b. Détails de la charnière.

4. DICÉRATE ariétine.

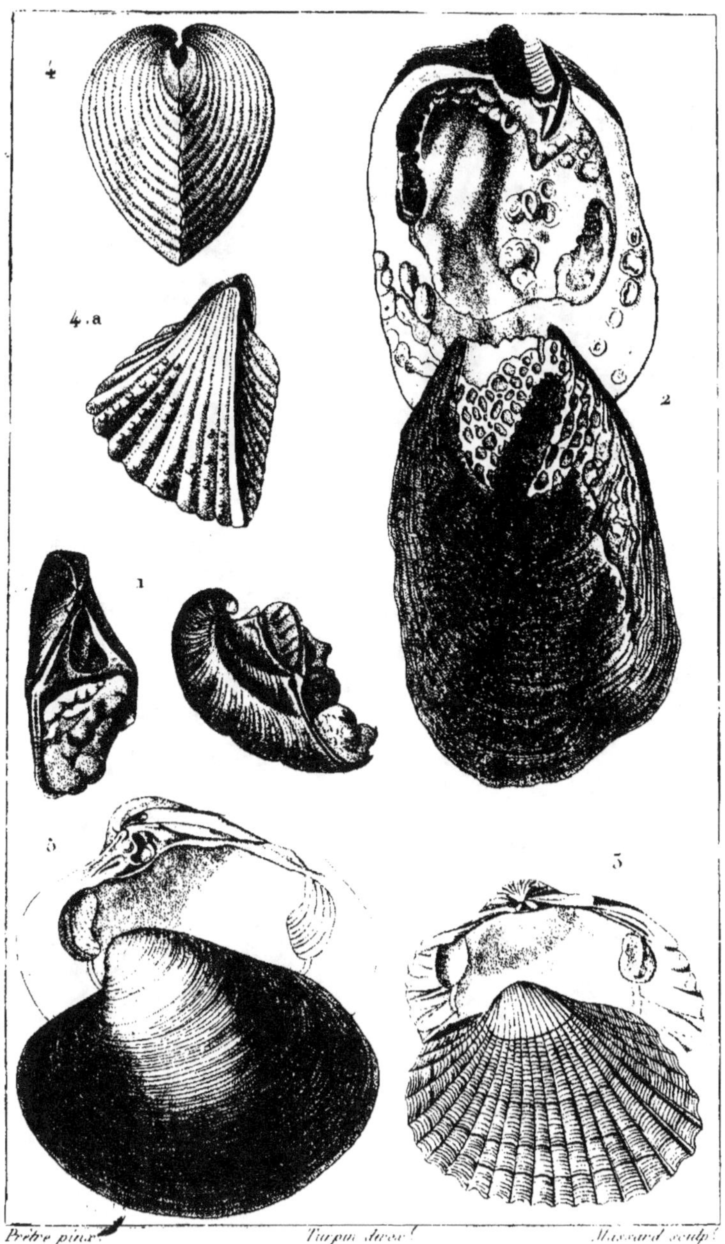

1. OPIS cardissoïde. *(Le sommet et la charnière seulement.)*

2. ÉTHÉRIE elliptique.

3. BUCARDE Sourdon.

4. HÉMICARDE Soufflet.

5. CYPRINE Islande.

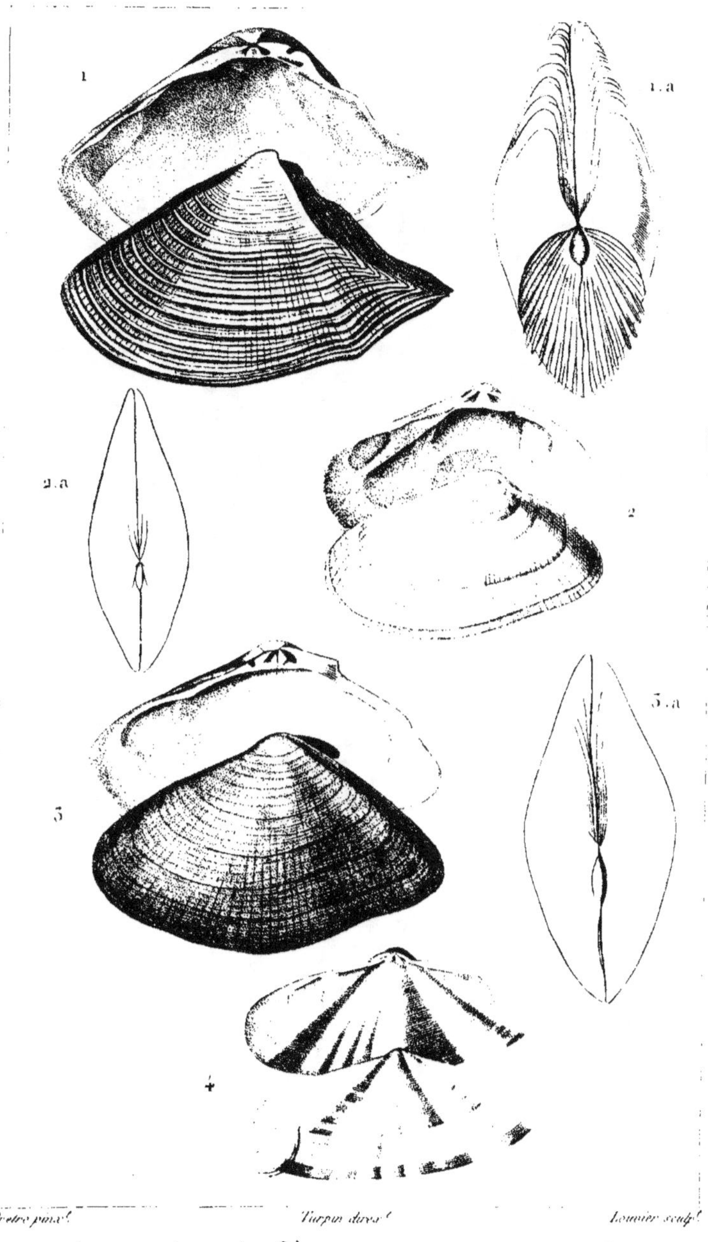

Pretre pinx.t   Turpin direx.t   Lounier sculp.t

1. DONACE bec de flûte. 1.a. *La même vue par le dos.*
2. DONACE des canards. 2.a. *La même vue par le dos.*
3. CAPSE du Brésil. 3.a. *La même vue par le dos.*
4. TELLINE Soleil levant.

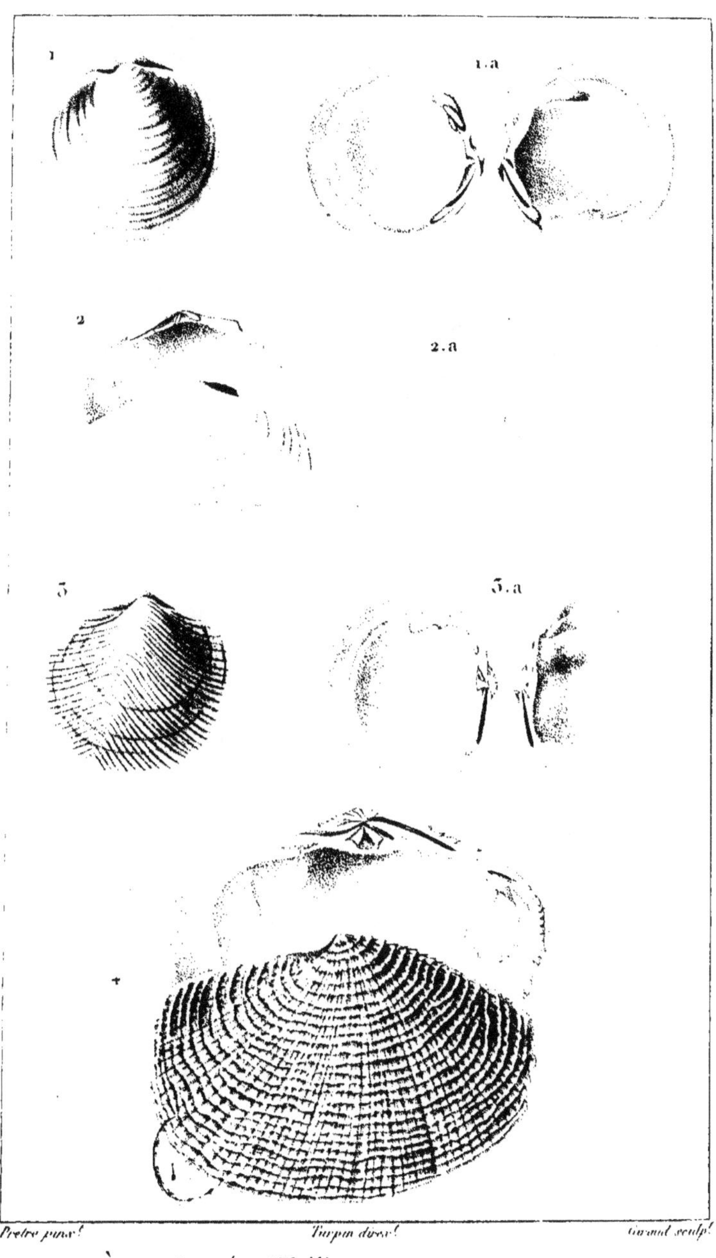

1. LORIPÈDE lacté. *(Telline lacté.)* 1.a. *Le même vu en dedans.*
2. TELLINIDE de Timor. 2.a. *La même vue par le dos.*
3. LUCINE divergente. 3.a. *La même vue en dedans.*
4. CORBEILLE renflée.

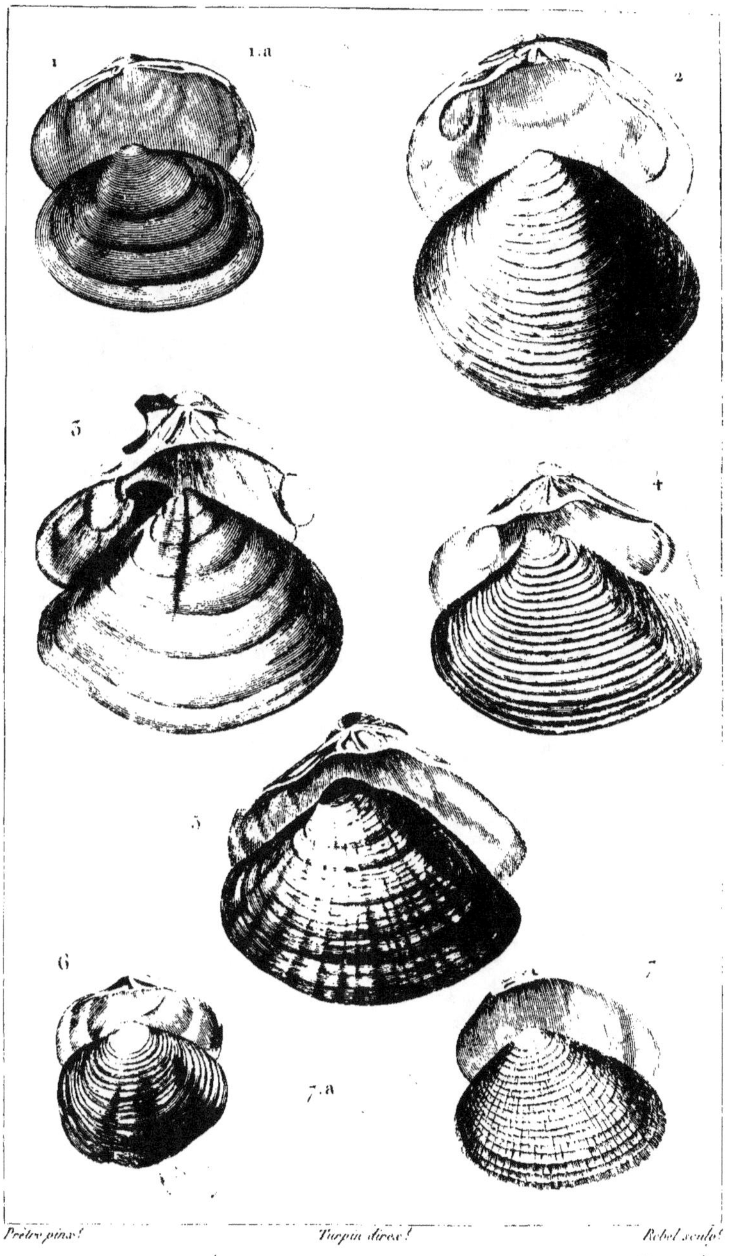

LXXIII

1. CYCLADE cornée. 1.a de Grand. nat. 4. CRASSATELLE sillonnée.
2. CYCLADE de Ceylan. Dict. d'O. Cyrène. Lamck. 5. MACTRE lisor.
3. GALATHÉE à rayons. 6. ONGULINE transverse.
7. ERYCINE cardioïde. 7.a de Gr. nat.

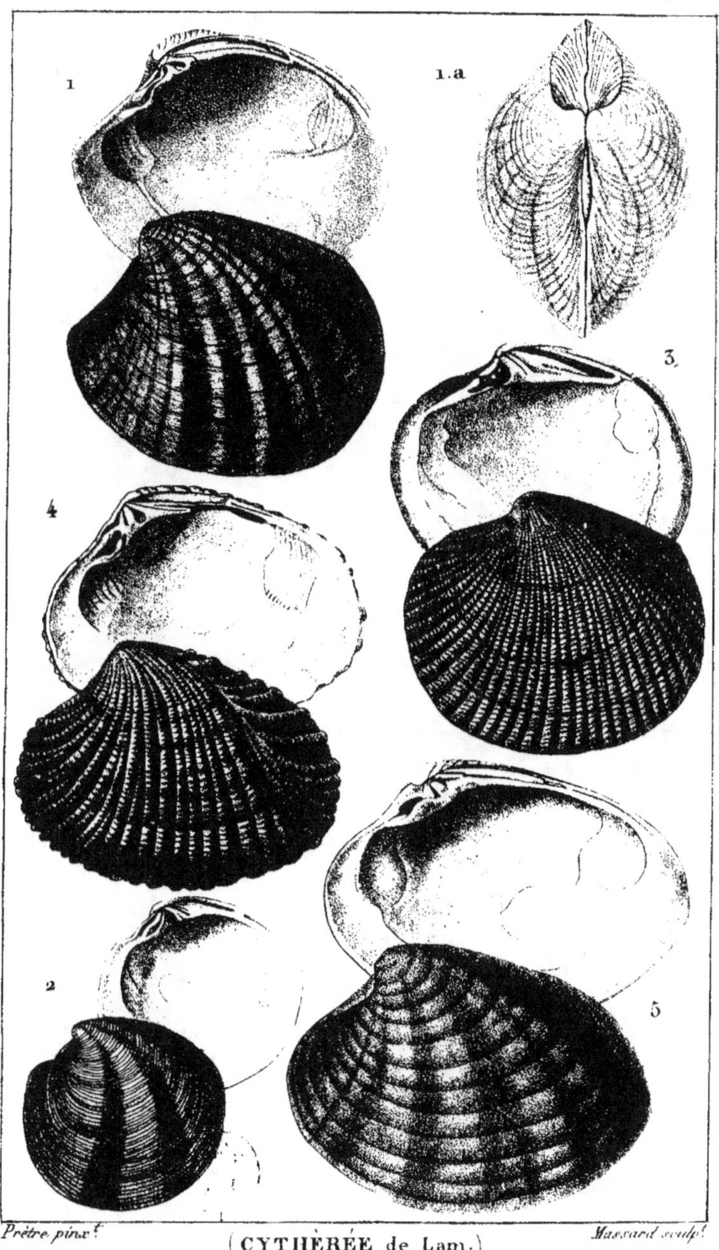

Prêtre pinx.t   Massard sculp.t

(CYTHÉRÉE de Lam.)

1. VÉNUS tumescente. | 3. VÉNUS tigerrine.
2. ———— exolète. | 4. ———— pectinée.
5. VÉNUS fauve.

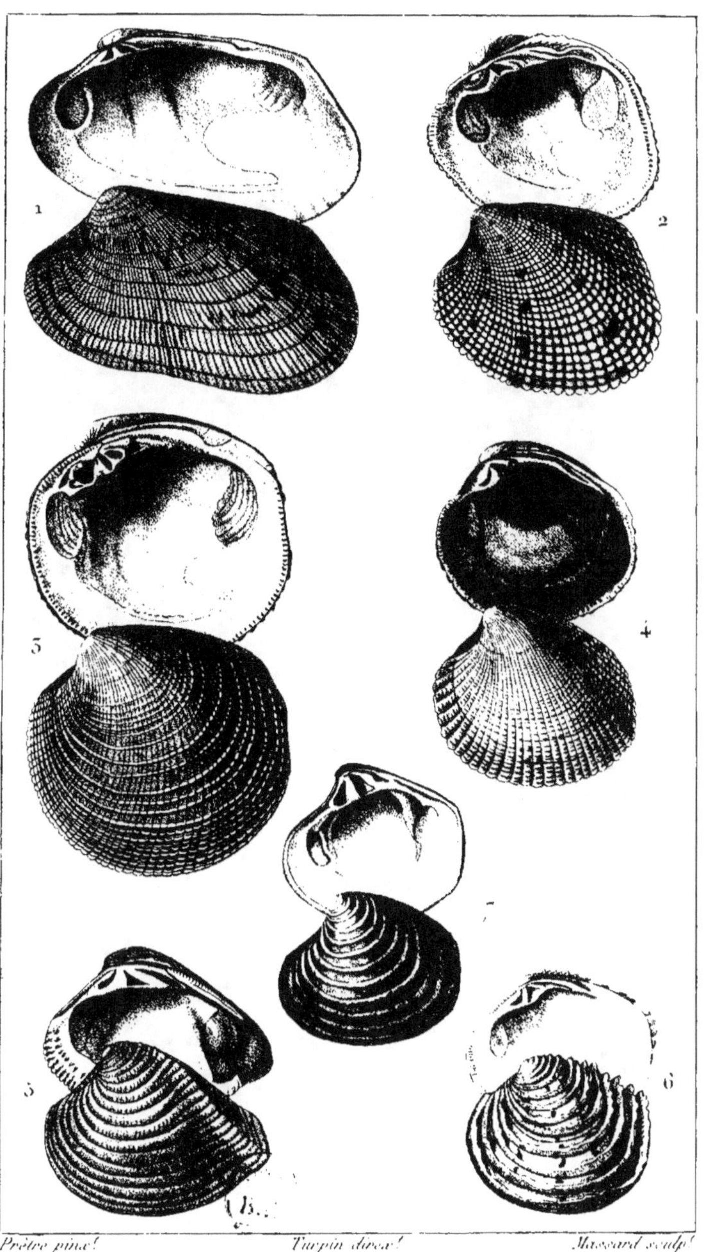

LXXV

Prêtre pinx.   Turpin direx.   Massard sculp.

1. VÉNUS croisée.   4. VÉNUS rudérale.

2. ———— corbeille.   5. ———— crénulaire.

3. ———— bombée.   6. ———— chambrière.

7. VÉNUS crassatelle.

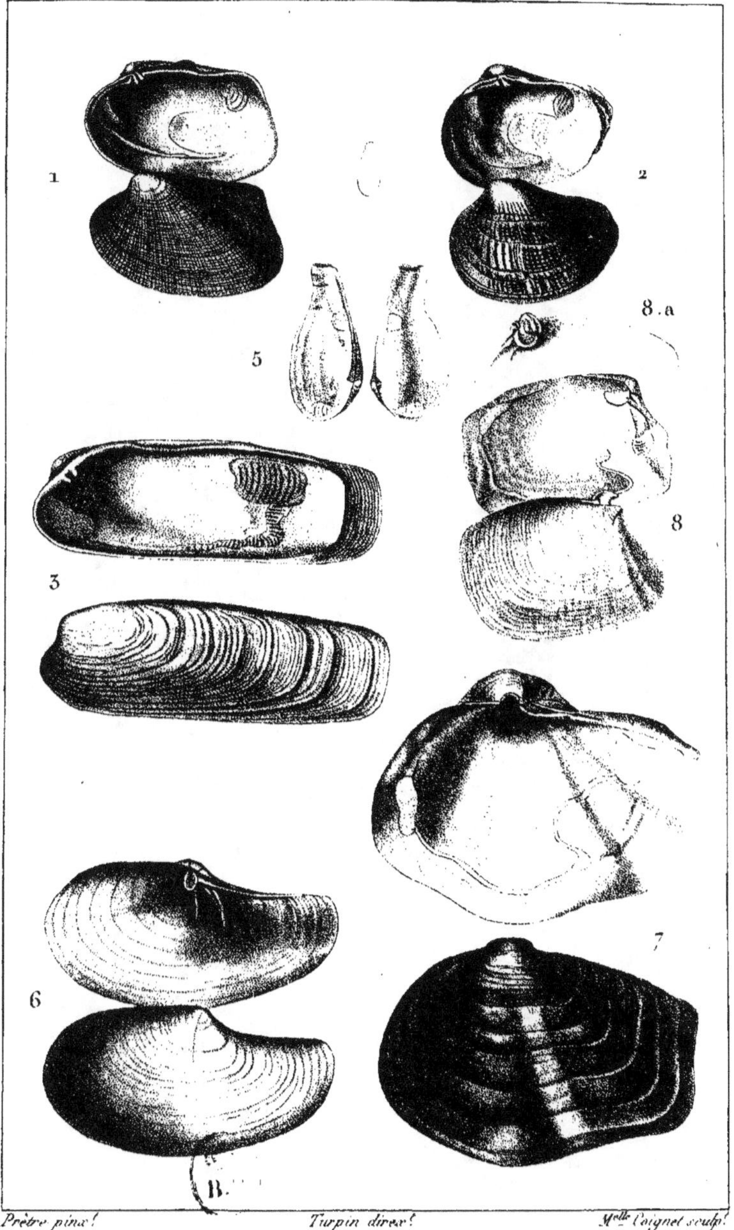

Prêtre pinx.?   Turpin direx.?   Mᵉˡˡ Coignet sculp.?

1. VÉNÉRUPE lamelleuse.
2. ——————— pétricole.
3. CORALLIOPHAGE carditoïde.
8. ANATINE trapézoïdale. 8.a Id. montrant la pièce calcaire du ligum.? sur la valve droite.

5. SPHÈNE de Birgham.
6. ANATINE subrostrée.
7. THRACIE corbuloïde.

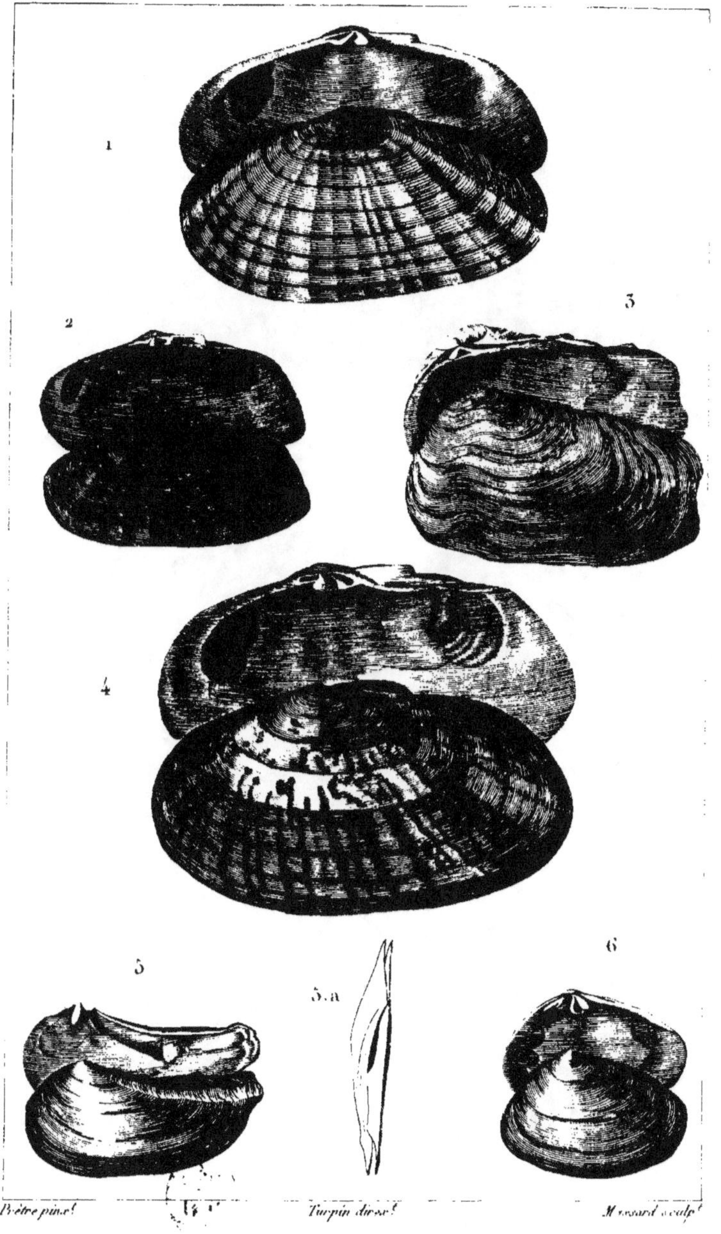

1. PSAMMOBIE vergettée. 4. SANGUINOLAIRE soleil-couchant.
2. PSAMMOTÉE violette. 5. PANDORE rostrée. 5.a Id. vue par le dos.
3. CORBULE australe. 6. AMPHIDESME glabelle.

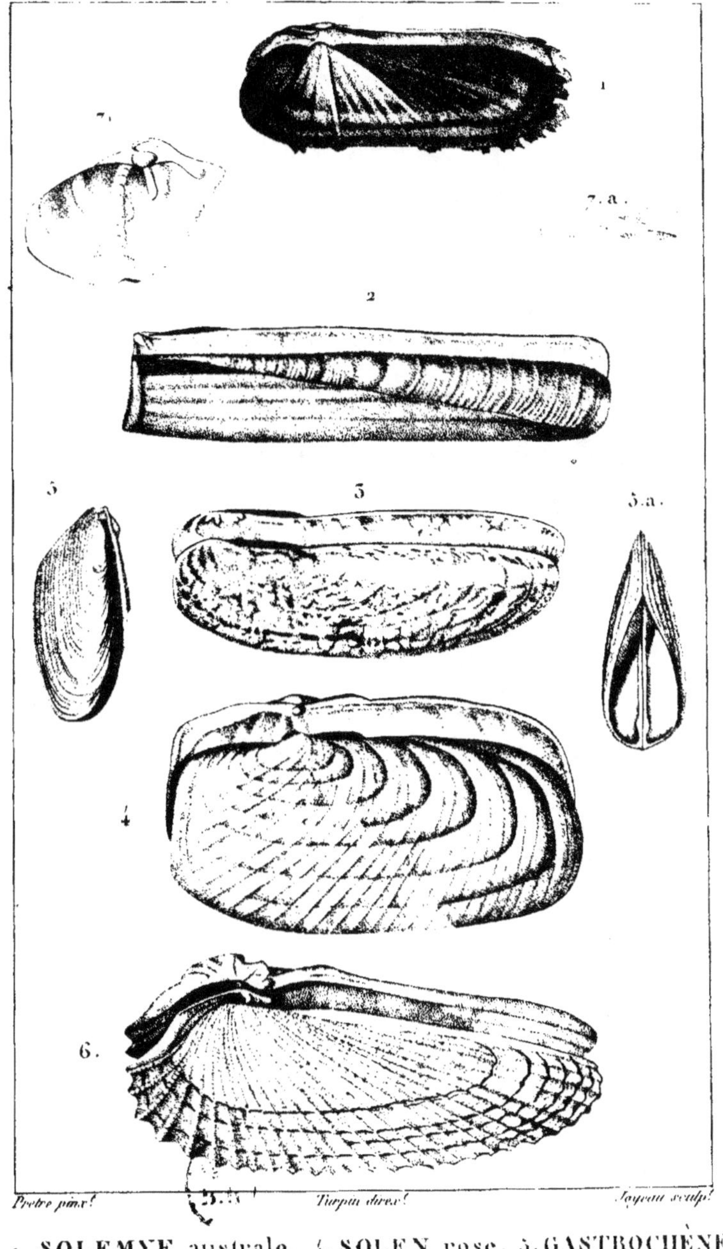

1. **SOLEMYE** australe. | 4. **SOLEN** rose. 5. **GASTROCHÈNE**

2. **SOLEN** gaine. | cunéiforme. 5.a *Id. vue en dessous.*

3. **SOLEN** coutelet. | 6. **PHOLADE** grande taille.

7. **PHOLADE** crépue. 7.a *Pieces accessoires de la PH. julan.*

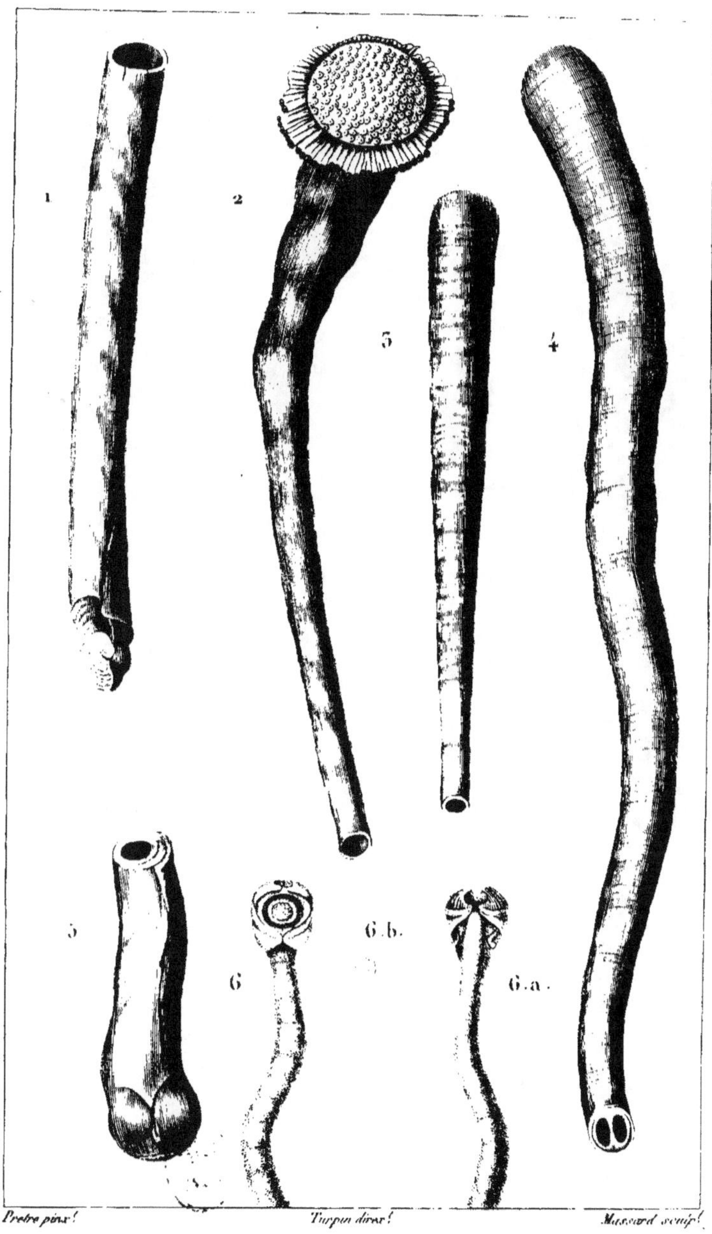

1. CLAVAGELLE tibiale.
2. ARROSOIR de Java.
3. FISTULANE massue.
4. FISTULANE corniforme.
5. TÉRÉDINE masquée.
6. TARET commun, *vu en dessous.*

6 a. *Vu en dessus.* 6 b. *Vu de profil.*

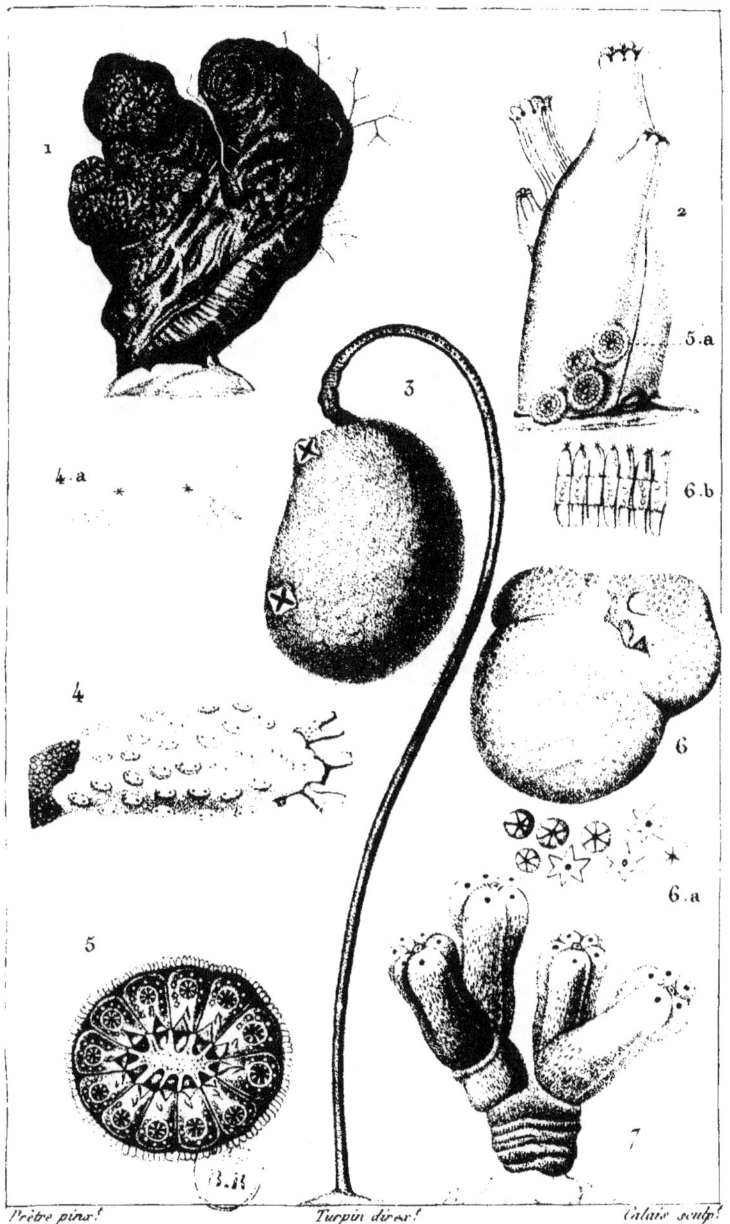

1. ASCIDIE petit-Monde.
2. _________ intestinale.
3. _________ en massue.
4.4.a. DISTOME variolé.
5.5.a. BOTRYLLE étoilé.
6.6.a. SYNOIQUE sublobé.
-. SYNOIQUE simple.

Prêtre pinx.!   Turpin direx.!   M.re Massard sculp.!

1. **BIPHORE** polymorphe.	4. **BIPHORE** tiroloïde.
2. ——————— fusiforme.	5. ——————— bicorne.
3. ——————— zonaire.	6. **PYROSOME** Géant.

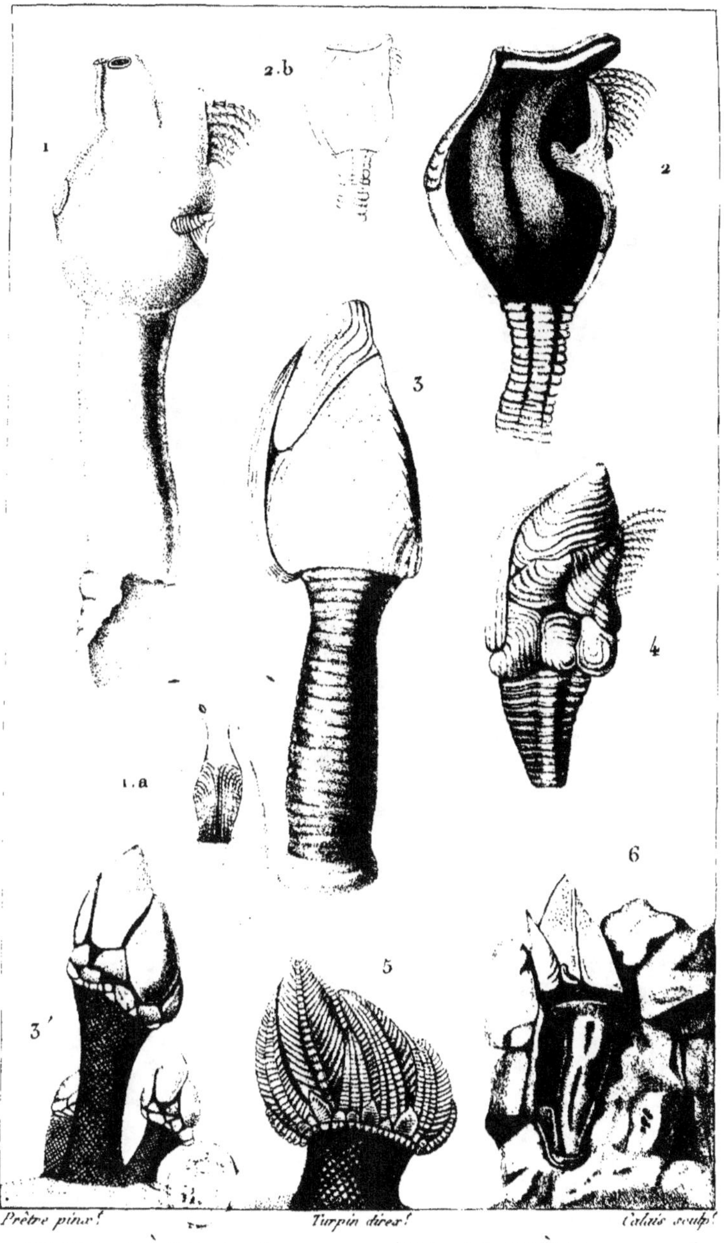

1. GYMNOLÈPE de Cuvier.
2. ———————— de Cranch.
3. PENTALÈPE lisse.
3. POLLICIPÈDE groupé.
4. POLYLÈPE vulgaire.
5. ———————— couronné.
6. LITHOLÈPE de Mont-Serrat.

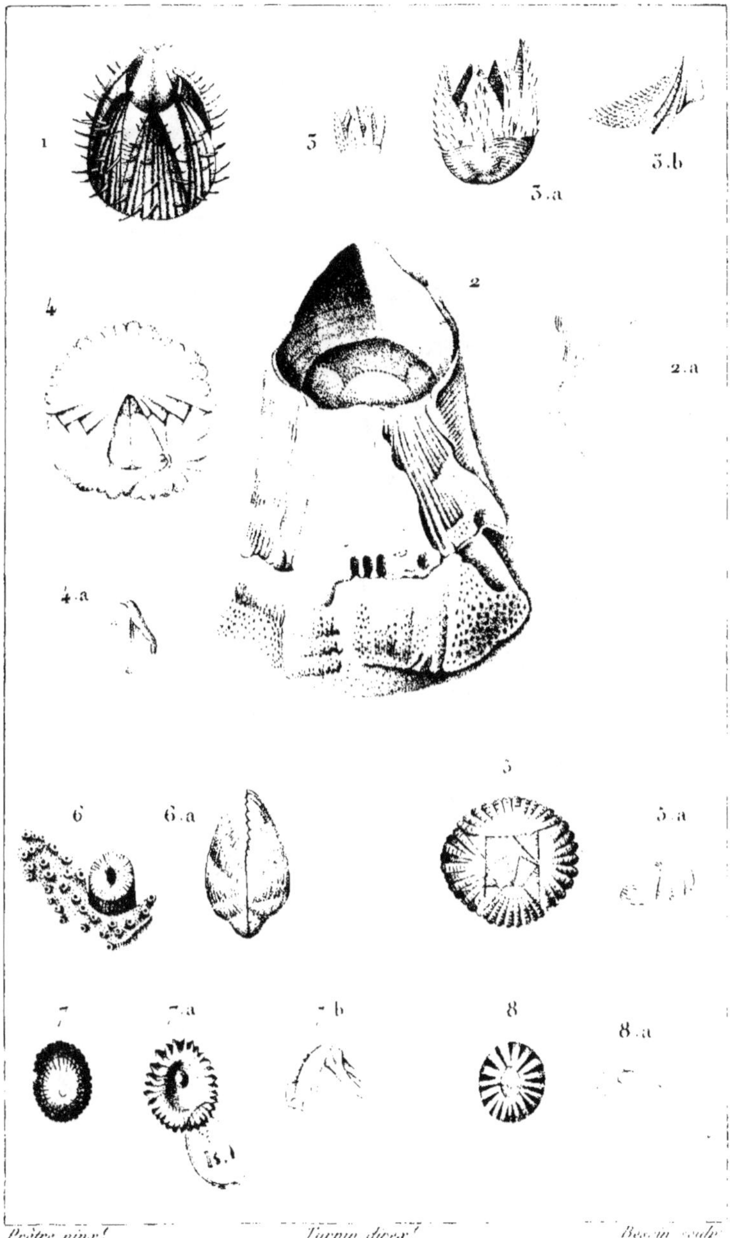

Prêtre pinx.^t — Turpin direx.^t — Bezan sculp.^t

1. **BALANE** épineux.	5. **CONIE** radiée.
2. ———— Géant.	6 **CREUSIE** spinuleuse.
3. ———— des Eponges.	7. ———— rayonnante
4. ———— de Stroëm.	8. **CHTHALAME** étoilé.

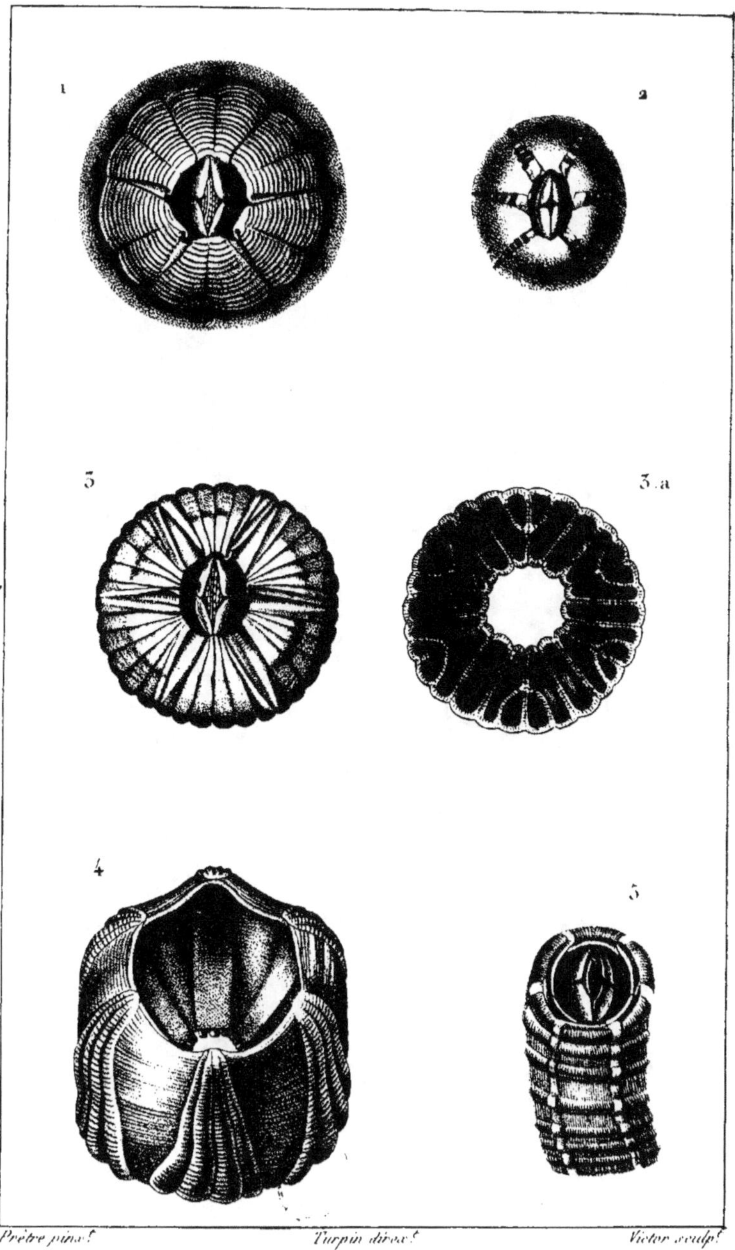

LXXXVI

Prêtre pinx.ᵗ   Turpin direx.ᵗ   Victor sculp.ᵗ

1. CORONULE douze-lobes. | 3. CORONULE rayonnée.
2. ——————————— des Tortues. | 4. ——————— diadème.
5. CORONULE tubicinelle.

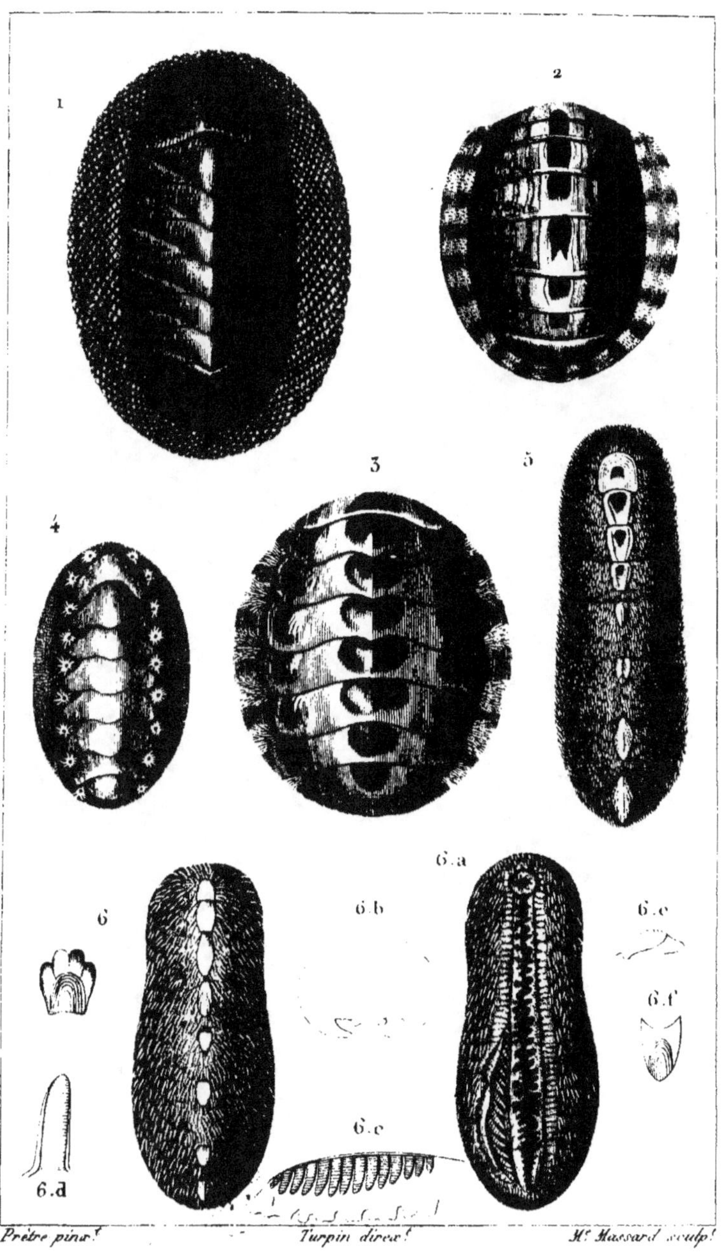

Prêtre pinx.t   Turpin direx.t   M.e Massard sculp.t

1. **OSCABRION** écailleux .   4. **OSCABRION** fasciculaire .
2. ——————— marbré .   5. ——————— lisse .
3. ——————— brun .   6. ——————— larviforme .